2011년(辛卯年) 기상백서

2011년(辛卯年)
기상백서

발행일 2010년 10월 18일 발행인 송용호
지은이 장동순, 신미수, 김혜숙, 송우영, 김현경
펴낸곳 충남대학교출판부 주소 대전광역시 유성구 대학로 79
전화 042-821-6045 홈페이지 cnupress.cnu.ac.kr E-mail cnupress@cnu.ac.kr

ISBN 978-89-7599-371-8 93440
값 : 10,000원

氣象白書

2011년(辛卯年) 기상백서

장동순 · 신미수 · 김혜숙 · 송우영 · 김현경

궁미디어
GUNGMEDIA

氣象白書

| 머리말 |

과학은 천재들의 노력의 결과이고 역(易)은 성인들의 작품이다. 사실 시간이라는 것은 과학적인 변화를 다루기 위하여 만들어진 물리량이다. 동양에서는 일찍이 시간과 공간을 양자화(量子化)된 물리적인 개념으로 역(易)을 사용하여왔다. 즉 일정한 시간이라는 것은 지구라는 푸른별에서 볼 때에 태양과 달 그리고 목성 화성 토성 금성 수성이 가지는 공간상의 상대적 위치에 따른 그들의 영향력을 나타내는 것에 불과하다. 동양의 선지자들은 이를 일찍부터 충분히 깨달아서 이를 가지고 아주 간단한 변화의 코드인 역을 개발하였다. 이를 "천수상 성인칙지(天垂象 聖人則之)"라고 한다. 즉 하늘의 물리적인 상을 우리 같은 범인들이 사용할 수 있게 간단한 코드로 만들었다는 것이다. 2011년 신묘년의 코드는 바로 신묘(辛卯)라는 두 글자에 담겨있다. 이 두 글자를 공학에서 설계를 하듯이 물리적인 개념으로 해석하고자한 노력의 결과가 바로 이 기상백서이다. 그 노력이 비록 치열하기는 하였으나 정답에 어느 정도 근접하였는지는 두려움 마음으로 일년을 기다린 후에야 비로소 알게 된다.

기상달력은 일년을 단위로 하는 중장기 기상예측에 대한 정보를 싣는 달력이다. 일년전에 다음해에 발생할수 있는 다양한 기상현상을 예측한다는 것은 과학적인 기상 예측에서 수반되는 카오스나 나비효과 또는 수치해석상의 여러 문제점등을 고려할 때 상식적으로 납득이 가지 않는 이야기이다. 때론 황당무궤한 이상한 이야기로 들릴수 있다. 필자는 이러한 사실을 잘 인식하고 있음에도 불구하고 매년 기상달력을 발간하고 있다. 그러나 기상달력에서는 2003년 이후부터 매년 그 다음 해에 일어나는 기상현상을 성공적으로 예측한 다양한 사례를 가지고 있다.(본서의 부록에 제시한 "매스컴 자료" 또는 본서 참고문헌에 제시한 "송우영 박사 학위논문에 제시한 다양한 기상예측사례에 대한 검증자료" 참조)

기상달력에서 다음해에 발생하는 기상현상을 예측할수 있는 이유는 60년주기(정확하게는 180년 주기)로 기상인자가 규칙적으로 반복한다는 동양의 절기이론에 기초하기 때문이다. 동양의 절기이론은 요순시대의 7년 가뭄이나 5년 홍수를 사전에 예측하시고 치산치수를 성공적으로 이루었던 성군들의 지혜나 삼국지의 제갈공명 동남풍의 기본이 되었던 이론이 아니었을까 생각한다. 60년 주기의 기상패턴의 주기성이라는 것은 한마디로 어느해 어느계절에 기상특징을 나타나는 인자가 정해져 있다는 것이다. 예를 들면 어느해 봄의 하늘과 땅의 기운이 평년에 비하여 추울것인지 또는 온도가 높을 것인지 아니면 건조하거나 습할지를 나타낸다. 즉 그해 봄의 기상특징을 나타내는 동양 운기학의 기상인자인 풍열서습조한(風熱暑濕燥寒) 등이 규칙적으로 순환하며 결정된다는 것이다.

만일 어느해 봄의 운기가 "하늘의 온도가 낮고(수태과 또는 화불급이라 불림) 지상의 온도가 높다(소음군화 또는 소양상화라고 불림)"라면 그 해 지상의 온도는 평년의 온도에 비하여 높으며 반대로 하늘은 평년 온도에 비하여 낮게 나타난다는 것이다. 그러므로 그 해 봄에는 지상 온도가 기상청에서 예보를 할 당시 사용하거나 측정한 온도에 비하여 자꾸 높아진다. 그러므로 다른 해에 비해 수증기 증발이 보다 활발하여진다. 그리고 하늘은 온도가 낮기에 수증기 응결이 순조롭게 이루어져 다른 해의 봄에 비하여 규칙적인 강수현상이 강력하게 발생할 가능성이 높다고 판단한다. 반대로 어떤 해의 운기가 "하늘은 덥고 지상은 차다"면 그 해는 지상에서 발생하는 수증기의 양은 작은데 반하여 하늘에는 포화상태에 이르기까지 함유할 수 있는 수증기의 양이 많다. 그렇기 때문에 수자원이 풍부한 지역이거나 온도가 높은 지역을 제외하고는 강수현상이 일어나기가 쉽지 않다. 이와같이 어떤 순환하는 기상특징의 발현 여부나 정도는 그 당시 주변의 환경 변수도 실질적으로 영향을 미친다.

최근 2010년 추석절기에 발생하였던 폭우의 경우를 예로 들어보

자. 2010년 8월 중순이후 9월 22일까지 기상패턴은 "지상은 덥고 하늘은 온도가 차고 낮은" 특성을 지녔다. 이러한 주기적인 기상인자가 늦은 여름의 더위와 온난화 효과등과 상승 증폭작용을 일으켜 많은 양의 수증기를 하늘로 상승시켰으며 이 때 하늘에 존재하는 찬 기운이 이를 광화문 지하도가 잠기는 기상재난 형태의 폭우로 바뀌게 하였다.

그렇다면 왜 과학적인 기상예측 방법에서는 그렇게 많은 비가 내릴것을 예측하지 못하였는가? 하는 의문을 제기할수 있다. 반대로 동양의 절기이론에 의한 운기를 알았을 경우 어떤 과학적인 기상예측에서는 어떤 도움이 가능하였을까 하는 질문 역시 자연스럽다. 한마디로 2010년 추석전후에 발생한 폭우의 경우 기상청 자료에 나타난 구름의 양과 강수 가능성의 자료로는 재난 형태의 많은 폭우가 올것이라는 판단이 서지 않았을 가능성이 높다. 그러나 만일 그 당시를 지배한 운기가 "지상은 덥고 하늘은 차다"라는 사실을 알았을 경우 과학적으로 계산한 강수량보다 많은 비가 올것임을 생각하여야 한다. 만일 반대로 운기가 '하늘이 덥고 지상은 차다' 였으면 그 반대 현상이 나타날 가능성이 높다는 사실이다. 그러므로 운기의 주기적인 패턴을 안다면 그 해 특정한 계절의 기상변화나 재난이 어떠한 형태로 전개될것인지를 예측을 가능하게 하며 이것이 기상달력으로 정성적인 중장기 기상 예측을 할수 있는 원리이다.

삼면의 바다로 둘러 쌓이고 위도가 높은 한반도와 같은 지역에서는 온난화 문제는 보다 심각한 문제로 대두된다. 그 이유는 바닷물의 온도가 높아진 상황에서 북쪽의 찬기단의 영향을 받을 경우 예상을 뛰어넘는 폭설이나 폭우의 가능성이 항상 상존하기 때문이다. 그러므로 이러한 기상재난의 위기가 현실적으로 대두되고 있는 시점에서 동양의 운기이론의 중요성은 어느쪽으로 기상재난의 전개될수 있음을 알수 있다는 점에서 실용적인 기상예측 도구의 하나로 자리 잡을 것이다.

농민신문사에서 발행하는 월간 디지털 농업 8월호에 올 해 2010년 경인년 기상에 대한 기사가 실렸다. 기상에 대한 직접적인 관심은 농사를 지으시는 분들이 제일 많은 탓이다. 그 구체적인 내용은 2010년 경인년의 기상개황에 관한 것이었다. 즉 한마디로 "건조하기에 춥고 더운 한서의 변화가 심하다. 그리고 이것과 함께 특히 두드러지게 나타나는 한반도의 온난화의 영향으로 한파나 열대성호우의 가능성이 높다. 봄부터 여름까지는 건조한 가운데 강수량이 작으나 8월 중순이후 가을에 비가 잦고 늦은 가을에 추위가 일찍찾아오지마는 겨울에는 크게 춥지 않을 전망이다." 장마가 지난후 8월중순이후 비가 실질적으로 많이 내리자 YTN에서 8월 말에 이러한 내용을 직접 확인하고 기사화하였다. 기사 내용의 핵심은 기상달력에서 예측한대로 8월 중순이후 늦은 장마현상이 나타나고 있다는 것과 기상청은 올 가을이 온도가 높을것이라고 예보하였는데 기상달력에서는 오히려 온도가 낮아 추울 것이라고 하였기 때문이다. 흥미있는 대립구도로 기사화하였다.

사실 2010년 경인년에는 기상달력을 만들기는 하였지마는 달력으로 발간을 하지 못하였다. 달력으로 발간을 하지못한데는 몇가지 이유가 있지마는 가장 큰 이유는 경인년의 운기내용을 과학적으로 해석하는데 나름대로 어려움이 많아서 차일피일 기상달력을 만들 시간적인 기회를 잃어버린 것이 제일 큰 이유중의 하나였다. 사실 여러해 기상달력을 만들다보니 어떤 해는 기상해석이 쉬운해가 있고 어떤해는 매우 어려운 해가 있다. 2010년은 기상해석이 가장 어렵게 느껴지던 해였던 것이다. 그런데 운이 좋게도 계절에 따른 일반적인 기상개황의 일부가 실제 상황과 어느 정도 부합하였던 것이다.

이러한 내용이 기사화되면서 한반도를 강타한 곰파스라는 태풍이 접급하여오자 "손석희 시선집중"에서 인터뷰를 요청하였다. 인터뷰 내용의 요점은 첫째는 "태풍이 몇개나 한반도에 올것인가"하는 것과 둘째는 "올가을의 온도가 높을것인가 아니면 온도가 낮아 추울것인가?" 하는 YTN의 보도 내용에 대한 질문이었다. 사실 2010년에 기상달력에서는 강력한 태풍이 올것을 예측하지 못하였다. 아래 8월 중순이후 태풍 도래에 관한 기상달력의 잘못 예측한 자료를 보자.

-태풍에 관한 2010년 기상달력 자료 -

태풍

한반도는 늦은 여름이후로 한 두개의 태풍이 주기적으로 상륙하는 것이 상례였다. 그러나 지난 몇 년 동안 한반도에는 태풍의 직접적인 영향을 거의 받지 않는 현상이 나타났다. 운기상으로는 뜨거운 운기와 강한 목기를 가질 때 한반도에도 태풍이 도래할 가능성은 항상 존재하나 한반도가 태풍으로부터 영향을 받지 않는 현상은 이해하기 어렵다. 단 한반도가 세계적으로 가장 온난화가 심한 지역임을 고려한다면 에너지의 구배가 높지 않다는 점에서 부분적으로 이해가 간다. 경인년의 7, 8월의 운기가 목태과와 양명조금의 영향을 받기 때문에 온도상승과 바람에 의한 영향이 충분히 예상되므로 경인년에도 이 기간 동안에 태풍이 도래할 가능성이 있으므로 주의가 요구된다. 그러나 8월 13일 이후에는 하늘의 운기가 화불급으로 바뀌기 때문에 강력한 바람을 동반한 태풍보다는 오히려 열대성 저기압에 의한 많은 비가 내릴 가능성이 높다.

그러나 "손석희의 시선집중" 프로그램과 인터뷰를 할 당시(2010년 9월 1일)에는 강력한 피해를 주었던 태풍이 한반도 접근하고 있는 중이었다. 이와같이 기상예측이라는 것은 적중하는 기상현상도 있지마는 전혀 예상하지 못하게 기상현상이 전개되는 일도 비일비재하다. 그리고 나름대로 최선을 다한다고는 하지마는 기상예측한 결과를 기다리는 동안 또는 기상예측이 잘못되었을 경우 가지는 심리적인 부담이 작지 않다. 이는 마치 일년 예보를 미리 내놓고 일 년 동안 전전긍긍하면서 결과를 기다려야 한다. 그래도 두명의 제자가 동양의 절기이론에 기초한 기상이라는 주제로 2010년에 박사학위를 받았다. 지난 10여년간 동양의 절기라는 환경공학과 동떨어진 분야의 이야기를 경청하여주고 토론하여준 제자들의 성원에 힘입어 올해는 좁은 의미의 기상이나 기후이외에 다양한 내용을 포함시킨 광의기상예측 자료를 가지고 백서라는 형태로 발간하였다.

백서(白書, whitepaper)는 원래 정부가 특정 사안이나 주제에 대해서 조사한 결과를 정리해 보고하는 문서라고한다. 원래는 영국 정부가 만들어 의회에 제출한 보고서의 표지를 하얀색으로 했던 데에서 백서(白書, whitepaper)라는 명칭이 생겼다고한다. 하지만 최근에는 정부뿐만 아니라 기업이나 연구소 등이 특정 주제에 대해서 연구 조사한 결과를 정리해 발표하는 문서에도 백서(白書, whitepaper)라는 표현을 사용하고 있어서 보다 넓은 의미의 종합적인 조사 보고서라는 의미를 갖게 되었다. 이러한 연구 또는 조사보고서는 본 전산열유체 실험실에서 매년 다양한 환경과 에너지 분야의 연구결과로 제출하고 있는 것이므로 이러한 차원에서 백서를 연구보고서의 하나로 발간한다. 물론 본 백서에서 예측한 다양한 기상예측이 잘 맞아 주기를 바라는 마음이지마는 물리적인 해석상에 오류나 미비한 점이 있어서 실제 기상과 상이한 경우에는 다움카페의 홈페이지(다음카페 "동양역술이야기", 또는 http://daum.cafe.net/jangds)에 사전 정정이나 오류에 대한 토론하는 내용을 실을 것이니 이를 참조하시기를 부탁드린다.

2010년 10월

장동순

| 목차 |

| 제 1장 |

2011년 신묘년 기상백서(氣象白書)_13

| 제 2장 |

5운 6기(五運六氣) 구분에 따른 기상 개황_29

| 제 3장 |

2011년 주제별 기상특징_41

| 제 4장 |

2011년 계절별 기상특징_49

| 제 5장 |

수능 시험 및 사업 길방(吉方)찾기_59

기상백서 氣象白書

제 1 장

2011년 신묘년 기상백서(氣象白書)

기상달력이란?
과학기상과 오운육기 기상예측방법
2011년 신묘년 기상개황
"庚辛" 金年의 사회상과 스포츠
농축산 농가의 주의사항
2012년 대선과 총선의 민심향배
신묘년 기상의 물리적 해석
10년 기상특징에 대한 정리표

| 제 1장 |

2011년 신묘년 기상백서(氣象白書)

기상달력이란?

기상달력에서 기상(氣象)이란 기운 "기(氣)" 자(字)에 코끼리 "상(象)" 자(字)을 쓴다. 기(氣)라는 것은 동양의 사상에서 만물이론에 작용하는 에너지와 같은 개념이다. 상(象)이란 코끼리 상으로서 중학교 "물상(物象)" 과목과 같이 자연현상에 관계된 기운을 나타내는 말이다. 그러므로 기상이란 기에 관계된 모든 형상이나 기운을 지칭한다. 물론 그 내용 중에는 좁은 의미의 날씨나 기후와 같은 기상 현상도 포함한다. 그러나 본 기상달력은 물론 좁은 의미의 날씨나 기후에 관한 정보를 주로 다루고 있으나 다양한 광의의 기상에 대한 내용 또한 망라하고 있다. 그러므로 2011년의 날씨 정보 외에 일반인들의 건강 및 운세에 관계된 이야기, 농사에 필요한 정보, 아파트단지나 역세권의 발복하는 방향, 수능 입시생이나 CEO들에 필요한 시간과 방위에 관한 정보를 제공한다. 그리고 마지막으로 정치에서 여야의 민심향배에 영향을 주는 천문 태을수(太乙數)에 대한 정보를 수록하고 있다.

날씨 예측방법은 보통 인공위성과 같은 과학적인 측정 자료를 토대로 슈퍼컴퓨터의 계산 결과가 주류를 이룬다. 이를 위하여 우리나라에서도 15분마다 기상 자료를 받는다는 천리안 위성을 2010년 6월 27일 남미 프랑스령 기아나 우주센터에서 4차 발사 만에 성공하였다. 그러나 필자는 이런 과학적 방법을 물론 적극적으로 고려한다. 하지마는 보다 근본적으로는 60년 주기 또는 정확하게는 180년 주기를 가지고 기상 특징이 순환한다는 동양의 역(易)의 개념을 중시한다. 즉 180년 주기로 순환하는 기상특성의 발현정도는 물론 그 당시 지형학적인 환경이나 온난화 등에 좌우된다. 이는 같은 식물의 종자라 할지라도 파종시기와 주변 환경에 따라 그 생육상태가 크게 차이가 나는 것과 유사하다. 구체적으로 언급하면 근자에 자주 일어나는 서해안 폭설현상을 일으키는 기상인자는 180년 전에도 역시 존재하였다. 그러나 180년 전 한반도에는 온난화현상이 크게 부각되지 않았기에 폭설 현상 대신에 한파가 몰아치는 기상이 나타났을 것으로 판단한다. 여기서 소개하는 2011년 신묘년의 기상정보는 대우주인 자연현상에 대한 동양의 전승지식을 필자들의 전공인 공학 설계 이론으로 새롭게 해석한 것이다. 문헌상의 용어로는 황제내경의 오운육기(五運六氣)이론을 현대적으로 해석한 기상예측모델이라 할 수 있다.

이러한 오운육기 이론에 의하면 2011년 신묘년(辛卯年)은 일반적으로 온도가 높다. 그리고 봄철에는 황사발생과 한발의 경향이 있을 것으로 해석하였다. 신묘년에 한발의 와중에 비가 온다면 강수 특성은 구름은 넓은 지역에 형성되나 비는 국지성 호우 형태가 가능성이 높다. 여름 장마는 6월 중순 또는 하순부터 장마가 시작한다. 이 장마는 8월13 까지 이어진다. 그러므로 비교적 긴 장마가 예상되며 이와 더불어 여름철 냉해의 가능성도 예측되고 있다. 장마 이후 9월 하순까지도 소량의 간헐적인 강수 현상이 나타날 가능성이 높다. 가을은 약간 온도가 높은 평범한 기상이 예상된다. 한편 겨울철에는 온화한 와중에 서해안 폭설 가능성이 아주 높지는 않으나 주의를 요구한다.

과학기상과 오운육기 예측 방법

동양절기 이론에 나타나는 오운(五運)은 다섯 가지 하늘의 기운을 의미한다. 오운이기에 "木,火,土,金,水"의 5단계로 변화한다. 그리고 육기(六氣)는 지상에 나타나는 여섯 가지의 구체적인 기상현상이다. 즉 바람 불고 덥고 추우며 건조하다는 등의 "풍열서습조한(風熱暑濕燥寒)"의 6단계 순환 과정을 지칭한다. 이는 과학적 기상연구에서 다루고 있는 물리적인 변수와 매우 유사하다. 우리가 알고 있는 일 년에 대한 구분은 보통 춘하추동 4계절로 분류한다. 그러나 이러한 4계절 분류는 절기 특성을 제대로 파악하지 못하는 단순한 구분이다. 오운육기 이론은 일년을 "1운1기, 1운2기, 2운2기, 2운3기, 3운3기, 3운4기, 4운4기, 4운5기, 5운5기, 5운6기" 등 10개의 구간으로 구분된다. 이 열 개의 구간은 매년 다른 기상 특징을 나타낸다. 그러므로 동양의 절기이론을 알아야 계절이 주는 변화를 제대로 음미할 수 있다. 예를 들어 운기론에 의하면 2010년 8월 중순 이후부터 초가을까지는 더운 기운과 찬 기운이 만나기에 비가 많이 올 가능성이 높은 기간임을 시사하고 있다. 사족과 같은 이야기이지마는 삼국지에 나오는 제갈공명의 동남풍에 대한 고사나 요순과 같은 성군의 덕목인 치산치수의 전제 조건으로 이러한 비전적(秘傳的)인 기상예측의 지식이 바탕이 되었을 것으로 생각한다.

과학기상에서는 나비효과나 카오스 현상 그리고 슈퍼컴 계산의 오차 문제 등이 고려된다. 이를 고려할 때 신뢰성이 있는 기상예측기간은 보통 10일을 넘지 않을 것이라고 한다. 따라서 과학적인 방법에 의한 중장기 예측은 그 신뢰도가 낮다. 그러므로 현재 미국 등 선진국에서 정확한 중장기 예보를 위한 연구 노력은 생태계의 동식물의 특이현상을 기상이변의 조짐이나 전구체(precursor)로서 파악하는 등 매우 다양하다. 어떤 의미에서 보면 동양의 절기이론에 기초한 기상달력의 내용도 그러한 노력의 하나라고 할 수 있다. 동양의 절기이론은 해와 달의 영향만을 주로 고려한 현재 과학기상의 패러다임이나 변수에서 오행성(수성,금성,화성,목성,토성)의 동역학적인 영향을 추가로 고려한다. 이는 현대과학기상에서 고려하지 않는 기운이나 기(氣)로써 나타난다. 우리가 단순히 태양의 영향만을 고려할 때 매년 춘분이면 지구와 태양의 거리와 고도가 같다. 그러므로 매년 춘분이 되면 겨울에서 봄에 이르는 동안 기상 변화가 크지 않았다면 매년 비슷한 봄을 기대하게 된다. 그러나 오운육기이론에서는 오행성의 영향을 고려하므로 매년 같은 봄이라도 우리는 다른 봄을 맞게 된다.

구체적으로 한반도의 지난 20년 기상을 살펴보더라도 매년 봄은 오히려 극단적으로 다른 경우가 많았다. 비근한 예로 2002년 봄은 황사가 심했고, 2003년은 봄부터 가을까지 지속적으로 이슬비 형태의 세우(細雨)가 내렸으며 2004년 경칩절기에는 100년만에 폭설이 내려 경부고속도로가 1박2일 동안 마비되었다. 과학적 기상예측은 주기적인 순환특성을 고려하는 모델이 없다는 점에서 특히 중장기 기상예측에서 취약하다. 그러나 동양의 운기이론에서는 매년 봄을 따듯하고, 춥고, 습하고, 건조하고, 바람이 강한 봄 등으로 정의한다. 이러한 동양의 운기이론을 열전달과 물질이동을 고려한 과학적인 방법으로 해석한 것이 본 기상달력이다.

이러한 방법에 의하면 2010년 경인년은 장마기간에는 장마전선이 제대로 형성되지 않은 상태에서 더위를 식혀주는 스콜형태의 강수현상이 나타났다. 즉 장마답지 않은 장마기간 이어졌다. 그러나 장마가 끝났다고 하는 8월 중순이후 초가을까지 많은 양의 비가 내렸다. 특히 추석명절의 103년만의 서울지방을 강타한 폭우는 광화문 지하도를 마비시켰다. 2010년 기상달력은 2010년의 여러 기상특징중의 하나로 2010 년 8, 9월에 비가 많이 올 것과 가을 날씨가 춥거나 쌀쌀하여 평년 온도보다 낮을 것임을 시사하였다. 본 연구 실험실에서는 2003년 이후 7년간 기상달력을 발간하였으며 그동안 여러 주요 기상현상에 대한 예측과 시행착오적인 경험을 거쳐 2011년에 다시 8번째의 기상달력을 발간하게 되었다. 그러나 기상예측은 매년 다른 기운을 가진 복잡다단한 기상현상을 해석하는 것이며 현재 지속적으로 강력하여지고 있는 온난화에 의해 예상을 뛰어 넘는 기상이변이 속출하고 있다. 따라서 기상청 예보에서 보듯이 신뢰성 있는 예측을 위하여서는 보다 많은 노력이 요구되고 있다. 그러할수록 기상변화나 이변에 대한 예측의 중요성은 더욱 증대하고 있는 것이 작금의 현실이다.

신묘년 기상 개황

구체적으로 2011년 신묘년(辛卯年)은 일반적으로 온도가 높다. 그리고 봄철에는 황사발생과 한발의 경향이 있을 것으로 해석된다. 신묘년에 한발의 와중에 비가 온다면 강수 특성은 구름은 넓은 지역에 형성되나 비는 국지성 호우 형태가 될 가능성이 높다. 여름 장마는 6월 중순부터 장마가 시작한다. 이 장마는 8월13일까지 이어지는 긴 장마가 예상되며 또한 여름철 냉해의 가능성도 예측된다. 한편 겨울철에는 온화한 와중에 서해안 폭설 가능성이 있으므로 주의가 요구된다.

2011년 신묘년 기상은 2010년 경인년(庚寅年)과 유사하나 약간 다른 양상을 보인다. 즉 2010년 경인년에는 지상은 온도가 높고 하늘은 금태과로 건조한 상태를 유지하려는 특성 때문에 온도가 높은 와중에 변화가 심했다. 구체적으로 하늘이 건조한 상태를 유지하기 위해 대기 중에 존재하는 다량의 수분을 쏟아내는 형태의 강우와 강설의 양상을 겨울과 봄의 환절기와 장마철 등에 나타났다. 또한 같은 맥락에서 독자들은 뿌연 매연과 같은 여름날의 수증기 덩어리가 하늘과 땅에 가득하였던 여러 날들을 아마도 기억할 것이다. 봄에서 여름 장마기간까지 건조한 가운데 강수량이 작아 북태평양 바닷물의 온도가 지속적으로 높아져서 곰파스를 비롯한 다수의 강력한 태풍을 발생하는 원인을 제공하였다.

그러나 신묘년에는 하늘이 수불급으로 온도가 낮지 않다.그리고 지상은 묘유충 양명조금으로 건조한 상태를 유지하고자 한다. 수불급(水不及)은 수의 찬 기운이 부족하다는 의미로서 반대로 온도가 높음을 시사하기에 지상에서 많은 양의 수증기가 공급되던지 공급이 약하든지 간에 하늘에는 수분을 많이 함유할 수 있는 능력이 있는 해가 2011년이다. 이와같이 2011년은 하늘의 열용량이 크기에 지속적인 온도 상승의 가능성이 2010년 경인년보다는 낮다. 그러므로 신묘년에는 일반적으로 한발의 가능성이 있다. 그러나 만일 수증기의 공급이 많은 지역이나 계절의 경우에는 많은 수증기가 하늘로 유입되어 넓은 지역에 구름이 끼나 포화성 형태의 강수현상은 국지적으로 발생할 것이다. 그리고 강력한 태풍의 발생의 가능성은 경인년에 비하여 어느 정도 완화 될 것으로 생각된다. 그러나 구체적인 기상은 그 계절의 특성으로 나타나는 오운육기가 변수가 될 것이다.

"庚辛" 金年의 사회상과 스포츠

음양과 오행의 물리적인 기운이 2011년 운세에 미치는 영향을 논하기 위하여 음양오행에 관한 전문적인 이야기를 간단하게 한다. 음양오행의 이론에 밝지 않은 독자들은 이 내용을 애써 이해하려고 노력하지 않고 마지막 결론만 보아도 좋을 것이다. 경인년과 신묘년에 나타나는 경신(庚辛)의 金氣의 역할은 "갑을병정무기경신임계" 의 10개의 천간에 의한 10년 순환기간에서 경신금(庚辛金)으로 이어지는 금기 작용의 연장선상에 있다. 신묘년이라는 것은 구체적으로 가을의 기운이다. 봄 여름으로 이어진 성장 작용이 추수,건조,탈곡등의 과정을 거치며 결실을 맺는 경신금(庚辛金) 2년중에 두 번째 해에 해당하는 완성의 기운이다. 이는 갑을병정무기경신임계의 천간의 음양 또는 오행순환을 4단계로 요약한 갑정경계(甲丁庚癸)의 변화중 경(庚)에 해당하는 기운이다. 그러므로 경신금의 해에는 이제 까지 봄과 여름을 지나면서 쌓은 노력에 대한 평가를 받는 기산이다. 그동안 실력을 쌓은 무명의 인사나 과거 실력자들이 침체에서 부활하는 현상이 일어난다. 비근한 예로 2010년의 예를 들면 한국 남녀 골프대회(2010년 8월 13일 현재 여자 대회 10회, 남자 7회) 모두 17회에서 두 번이상의 우승을 한 선수가 한 번도 나타나지 않았다. 이것은 예년의 경우 1-2명의 선수가 많은 대회를 우승하였던 것과는 매우 대조적인 양상이다. 경인 신묘년에는 유명인이든 무명을 가리지 않고 그 동안 노력하던 인물들이 모두 가시적인 성과를 거두는 해이다. 유사한 예로 이명박 정부의 국무총리후보로 임용되는 데는 실패하였지마는 젊고 새로운 인물인 김태호 전 경남지사가 예비후보로 발탁되었던 것도 같은 맥락이다. 이와 같이 경신금의 기운은 제품의 생산이나 농산물을 재배하는 일차적인 과정이 아니고 그동안 노력의 대가가 구체적으로 가시화 되는 결실의 기운이다. 그러나 이와는 반대로 외교부의 유명환장관의 딸의 예처럼 자기 나름대로의 노력없이 사회적인 성취를 이루었던 사람들이 좌

절을 겪는 기간이기도하다. 그러므로 경인년과 신묘년 2년의 기운은 갑을 병정 무기 경신 임계의 10년의 기간 중에서 가을에 해당하는 결실의 기간으로 성실한 노력의 필요성을 깨닫게 하여주는 기간이다.

농축산 농가의 주의사항

앞에서 언급하였지마는 경인년과 신묘년 등 2년은 경신금(庚辛金)으로 이어지는 금기 작용의 해이다. 구체적으로 2010년 경금이 인목을 극하고, 2011년 신금이 묘목을 극하므로 2년에 걸쳐서 금극목의 작용이 가시화 된다. 그러므로 경인년에 발생하였던 사건들은 신묘년에도 유사하게 일어난다. 오행의 상생과 상극의 작용에 있어서 극(克)이란 목극토, 화극금,토극수,금극목,수극화가 있다. 그러나 대표적으로 금극목과 수극화이다. 목극토에서는 토기가 목기의 기운을 받아 토가 목의 배경 역할을 하므로 순수한 극의 의미와는 맞지 않는다. 유사한 예가 목성은 공전주기에서 자기가 극하는 기운인 토성과 조우함으로써 태양계에서 힘을 발휘한다. 이는 마치 나무가 흙을 만남으로써 목의 기운이 충실하여지는 것과 같다. 20년 풍수의 주기가 바로 그것이며 60갑자가 토성의 공전주기 30년과 목성 공전주기 12년의 최소공배수인 60년이 됨이 이를 시사한다.

한편 화극금은 화의 강력한 열기가 금의 체에 저장되는 과정에서 일어나는 갈등이지 순수한 의미의 극은 아니다. 이는 삼복의 날짜가 庚金日에 나타나는 것이나 금화교역의 개념 또는 에너지 저장합금의 기술에서 그 물리적인 특성이 가시화 된다. 그러므로 화극금은 극의 의미보다는 본질적인 면에서는 화생금의 의미가 강하다. 그리고 토극수 역시 극이라기 보다는 목화금수의 에너지 흐름에서 열기가 마지막 찬 냉기인

계수로서의 상태 변환하면서 작동유체인 수화(水火)의 음양 변화가 종결하는 의미를 가진다. 이러한 관점에서 오행의 대표적인 극작용 중에서 수극화는 정신적인 또는 형이상학적인 극작용이다. 반대로 금극목은 철제로 나무를 다듬어 도구를 만들 듯이 실질적인 극작용을 의미한다. 구체적으로 춘하절의 금극목은 죽순절치의 의미가 있으나 추동절의 금극목은 삶의 구체적인 형태나 할 일이 있음을 의미한다.

이와같은 관점에서 신묘년의 천간 신금과 지지의 묘목의 작용은 신금의 칼날 같은 금기가 묘목과 같은 생기를 지닌 생명체나 시스템을 극하는 과정이 일어나는 해이다. 그러므로 신묘년에는 기업이나 가계의 도산이나 파탄이 발생한다. 기계 장치나 하드웨이적인 시스템이 문세를 일으키는 사건사고가 발생한다. 그리고 인명을 포함하여 살아있는 가축이나 초목과 같은 생명체가 상해를 입는 재난이나 질병들이 자연 순환의 일부로서 발생한다. 그러나 경인년의 금극목은 양간이 양간을 극하는 것이기에 보다 날카로우나 추상적인 반면에 신묘년의 금극목은 치열한 생존현장에서 나타나는 실질적인 파괴와 같은 제극(制剋)의 의미가 있다. 그러므로 구제역과 같은 가축 등의 전염병에도 세심한 배려가 필요하다. 그러므로 지속적으로 강조하는 바이지마는 2010년이나 2011년에는 사료로서 금기가 강한 매운맛을 가진 쌀겨보다는 목기의 보리나 밀을 혼합하는 것이 지혜롭다.

2012년 대선과 총선의 민심향배 (안정 희구 세력이 정국 주도)

천문 태을수에서 매년 계산되는 주산(主算)과 객산(客算)의 수가 가지는 의미는 그 해 정국이 "역동적인 변화"를 원하는가 아니면 그 반대로 "안정 지향적인 성향"을 나타낼 것인가를 나타내는 지표이다. 이러한 주산과 객산의 수는 이러한 현대 정국의 지표를 나타내기 훨씬 이전에 춘추전국시대에는 그 해에 전쟁에서 공성(攻城)을 위주로 할 것인가 아니면 수성(守城)을 위주로 할 것인가를 조정에서 결정하는데 사용된 병법 이론이었다. 앞으로 향후 몇 년간 안정적인 기운을 의미하는 주산(主算)의 수가 역동적인 변화를 나타내는 객산(客算)의 수를 능가하기에 급격한 변화를 시도하기보다는 여야(與野)를 막론하고 안정적으로 정국을 운영하는 팀에게 민심이 기울지 않을까 생각된다.

구체적인 예를 들면 1987년 노태우 대통령의 6.29 선언이나 1992년 김영삼 대통령의 삼당합당과 같은 정치적인 사건은 객산과 같은 역동적인 힘이 현저하게 강할 때 성공을 거둘 수 있었던 정치적인 사건이다. 반대로 노무현 대통령이 당선되는 것과 같은 대선의 경우는 안정적인 주산의 힘이 강할 때 여당의 프리미엄의 혜택을 받은 것이다. 그러나 주산과 객산의 수의 차이가 크지 않을 때는 다른 인자가 강력한 변수로 작용한다. 박정희 대통령이나 이명박 대통령의 당선이 바로 그러한 예이다.

태을수의 주산과 객산으로 본 역대 선거와 추후 동향

연도	주산(主算)	객산(客算)	비 고
	안정적, 守成 (여당의 기운)	능동적, 攻城 (야당의기운)	
1971년	29	31	주산과 객산의 수가 29대 31로 여야백중, 박정희 대통령 당선, 김대중 후보 선전, 주산과 객산의 기운이 비슷하여 다른 인자가 선거에 변수 역할을 함
1987년	1	37	객산의 기운이 37로 주산의 기운 1을 압도함, 즉 변화를 능동적으로 주도하는 세력이 선거에 유리함. 6.29 선언으로 여당의 프리미엄을 포기하고 적극전인 변화를 선택한 노태우 대통령 당선

연도	주산(主算)	객산(客算)	비 고
	안정적, 守成 (여당의 기운)	능동적, 攻城 (야당의기운)	
1992년	2	17	객산의 기운이 주산의 기운을 압도함 삼당합당으로 공격적인 변화를 선택한 김영삼 대통령 당선
1997년	32	31	주산과 객산의 기운이 비슷함. 그러므로 안정이나 변화외에 다른 변수가 선거에 영향을 미침 김대중 대통령 당선 이회창 후보 선전
2002년	33	10	주산의 기운이 객산의 기운을 압도함 그러므로 이 때는 변화나 공격적인 전술을 사용하는 후보가 불리함 여당의 프리미엄을 가진 노무현 대통령당선 이회창 후보 패배
2007년	25	27	주산과 객산의 기운이 비슷함 다른 안정과 변화이외에 다른 변수가 선거를 주도함, 이명박 대통령 당선
2009년	6	35	변화나 공격성향의 야당 절대 유리
2010년	35	34	여야백중
2011년	27	19	주산의 수가 객산의 수를 능가하기 시작함 안정 희구 세력 정국 주도?
2012년	27	16	안정 희구 세력 총선과 대선에서 유리?

신묘년 기상의 물리적 해석

신묘(辛卯)라는 기운은 천간은 신이고 지지는 묘이다. 지상에는 습기가 촉촉한 묘목의 기운이 존재한다. 반대로 천간은 신금이므로 하늘에는 기본적으로 건조한 기운이 있다. 그리고 신금의 기운은 천간합에 의하여 병신합수의 수불급(水不及)이라는 기운이 파생되어 하늘에 존재한다. 2011년은 수불급이므로 하늘에 찬 기운이 약하다는 이야기가 된다.

그러므로 2011년 하늘은 온도가 낮지 않다. 즉 온도가 높아질 수 있다는 점이 매우 중요하다. 그리고 지상은 묘유충에 의하여 양명조금이 되므로 지상의 묘목이 가진 습기는 양명조금의 건조한 기운으로 바뀌어 나타난다. 그러므로 일반적으로 신묘년의 전반적인 기상은 지상(地上)은 건조하고 하늘은 온도가 낮지 않은 양상이다. 그러므로 지상에서는 건조한 상태를 유지하기 위하여 수증기를 함유하지 않으려 한다. 그러므로 장기적인 관점에서 증발되는 수증기의 양이 작다.(그러나 일시적으로는 시간과 지역에 따라서 건조한 상태를 유지하기 위하여 많은 양의 수증기가 일시적으로 분출하려는 경향도 보일 수 있다) 하늘에서는 그나마 찬 기운이 부족하여 이를 응결시키지 못한다. 이를 정리하면 아래와 같다.

신묘년 하늘과 지상의 기운	
하늘	건조하면서 온도가 높음
지상	건조한 기운

그러므로 신묘년에는 전반적으로 가물고 비가 적게 오는 기상이 예측된다. 만일 가물다가 비가 온다면 하늘에 넓은 지역에 더운 기운에 의해 과포화 상태로 수증기가 존재하며 수증기 응결이 가능한 곳에서만 국지성 호우형태가 나타날 가능성이 높다. 그러나 수자원이 많은 지역이나 계절에는 양명조금의 기운이 오히려 많은 수증기를 발산하는 역할을 할 수 있으므로 때로는 국지성호우가 매우 강력하게 나타날 수도 있음에 유의하여야 한다.

신묘년의 제일 중요한 기상 인자는 앞에서 언급한 바와 같이 하늘은 신금의 건조한 기운에서 발생한 수불급의 기운이 작동한다. 그러므로 하늘에는 찬 기운이 부족하고 온도가 높다. 그리고 지상은 묘유충 양명조금에 의하여 건조한 기상이 예상된다. 그러므로 신묘년은 지상은 건조하고 하늘은 온도가 높다. 그리고 전반적으로 건조한 특성이 많기 때문에 한서(寒暑)의 변화 또한 작지 않다. 지상이 건조하고 하늘이 온도가 높기에 전반적으로 지상에서 방출되는 수증기의 양이 적으며 하늘은 온도가 높아지기에 함유할수 있는 수증기의 양이 많다. 그러므로 일반적으로 수자원의 공급이 많은 지역으로 제외하고는 강수나 강설현상은 상대적으로 약하게 일어난다. 그러나 일단 강수나 강설현상이 일어난다면 온도가 높은 하늘에 많은 수증기가 유입되어야 하므로 구름은 한반도 전지역에 넓게 형성되나 강수 현상은 국지적으로 과포화성 형태의 강수나 강설현상이 예상된다. 그러나 하늘의 온도가 낮지 않기에 일진이나 월운의 도움을 받지 못하면 많은 경우 구름은 끼나 비나 눈은 오지 않을 가능성도 빈번히디. 그리면 크게 가물게 된다.

10년 기상특징에 대한 정리표

다음 표는 2000년부터 10여 년 간의 기상개황과 농축산물 작황을 요약한 표이다.

표. 특성으로 본 10년간의 기상특징

연도	육십갑자	운기		기상 특징	작황이 좋은 농 · 축산물	질병
2000년	경진년(庚辰年)	하늘	금태과	동해안 대형 산불	매운맛의 곡식, 마늘,양파,후추	폐, 대장질환, 축농증, 치질, 폐렴
		땅	태양한수			
2001년	신사년(辛巳年)	하늘	수불급	90년만의 봄철 한발, 양수기 파동,황사		심장질환
		땅	궐음풍목			
2002년	임오년(壬午年)	하늘	목태과	강풍,폭우,황사	참깨,들깨,사과,개	간장질환, 근육경련, 편두통
		땅	소음군화			
2003년	계미년(癸未年)	하늘	화불급	일 년 내내 지속적인 강수 현상, 황사없음		
		땅	태음습토			

연도	육십갑자	운기		기상 특징	작황이 좋은 농 · 축산물	질병
2004년	갑신년(甲申年)	하늘	토태과	경칩폭설 경부고속도로마비 과포화 상태에 의한 폭설 가능성	호박, 참외, 소	위장 췌장 질환, 당뇨병
		땅	소양상화			
2005년	을유년(乙酉年)	하늘	금불급	건조한 가운데 한서의 차가 큼, 황사		
		땅	양명조금			
2006년	병신년(丙申年)	하늘	수태과	온도가 낮은 해	검은 콩, 수박, 돼지	신장 방광 질환,자궁근종 물혹
		땅	소양상화			
2007년	정해년(丁亥年)	하늘	목불급	고온에 국지적 강우 특성		조류독감
		땅	궐음풍목			
2008년	무자년(戊子年)	하늘	화태과	고온 폭우 폭설 가능성 높음, 황사	상추 쑥갓, 자두, 염소	전염병, 심장병
		땅	소음군화			
2009년	기축년(己丑年)	하늘	토불급	일반적으로 평균 기온이 낮고 소량의 지속적인 강우		
		땅	태음습토			
2010년	경인년(庚寅年)	하늘	금태과	봄 여름 한발고온 8,9월 많은비, 쌀쌀한 가을	현미, 배, 복숭아	폐와 대장병, 비염 축농증, 피부병
		땅	소양상화			
2011년	신묘년(辛卯年)	하늘	수불급	한발 가능성, 황사, 긴 장마	감미와 고미의 작물 작황 우수 서목태작황 불량	혈관, 심장병
		땅	양명조금			
2012년	임진년(壬辰年)	하늘	목태과	강풍, 잦은 강수, 냉해, 쓸쓸한 날씨	팥, 보리, 밀, 땅콩, 깨, 신맛의과일, 개	간병, 무좀, 근육병
		땅	태양한수			

제 2 장

5운 6기(五運六氣) 구분에 따른 기상 개황

| 제 2장 |

5운 6기(五運六氣) 구분에 따른 기상 개황

5운 6기에 따른 기상 개황은 1년을 10개의 기간으로 나누어 기상 특징을 설명한다. 이는 일년이나 계절별 기상개황이나 장마나 황사 등과 같은 다양한 기상특징을 설명하는 기본이 된다. 그렇기 때문에 다른 기상정보에 앞서 먼저 상술한다. 전문용어로 설명한 이 내용이 어렵거나 불필요한 독자의 경우에는 이 부분을 건너뛰고 다음 내용인 주제별 기상정보 편을 보아도 무방하다.

2010년 5운6기 기간(1월1일-2월 1일) (토태과,궐음풍목)
- 무난한 겨울이며 서해안 폭설 가능성 낮다.

신묘년의 기운은 2011년 2월 2일이후부터 하늘과 지상에 공히 본격적으로 나타난다. 그러므로 이 기간은 2010년 경인년의 기운이 작용한다. 하늘의 기운은 금태과의 해에 5운에 해당하는 객운은 토태과이다. 그러므로 금태과의 건조한 기운이 토기에 의하여 약화되어 나타난다. 그리고 지상에 영향을 미치는 기운은 경인년의 소양상화의 바탕하에 구간별 오운육기 기운은 궐음풍목이다. 따듯한 소양상화 바탕하에 궐음풍목이므로 겨울철에 일시적으로 찬 바람이 불 가능성이 있다. 겨울철에는 온도가 높을 때 따듯한 와중에 기습한파가 발생하며 반대로 온도가 낮아 추울 때는 수생목 현상에 의하여 찬바람이 분다. 그러나 여러 기상인자를 종합적으로 고려할 때 이 기간에는 특별히 온도가 높거나 낮지 않기 때문에 기습 한파나 강력하게 추운 날씨가 없는 무난한 1월이 될 것으로 보인다. 서해안 폭설의 관점에서는 특히 2010년 가을부터 초겨울까지의 기간이 하늘과 지상이 온도가 비교적 낮아 서해바다의 온도가 크게 상승할 가능성이 작았다. 그러므로 지속적인 온난화 현상을 감안한다고 하더라도 서해바다의 겨울철 수온이 크게 높지 않을 것으로 보인다. 그러므로 일시적인 한파가 도래한다고 하여도 서해폭설의 가능성은 크게 높지 않다. 일진에 따른 영향은 그달의 기상달력을 참조하기 바란다.

1운1기(2월 2일~3.20일;수불급 태음습토; 겨울에서 봄으로 환절기)

- 눈비가 적어 한발이 예상되며 따라서 산불도 어느 정도 주의가 요구된다.

겨울에서 봄으로 넘어가는 환절기인 이 때에 구간별 오운육기는 수불급에 태음습토이다. 태음습토는 신묘년 지지의 대표적인 기운인 양명조금과 상대적인 기운이므로 양명조금의 영향을 받아서 습토의 역할이 많이 감소할 것으로 보인다. 즉 지상은 건조한 기운과 습한 기운이 만나서 건습의 정도가 상쇄된다. 하늘이 세운과 1운1기가 같이 수불급이므로 수불급의 기운이 증폭되어 하늘은 온도가 높다. 이상의 결과를 요

약하여 구체적으로 언급하면 봄에서 겨울로 바뀌는 환절기이기는 하나 강수현상에 절대적인 영향을 미치는 지상에서 방출되는 수증기의 양이 태음습토와 양명조금의 상쇄효과등에 의하여 실질적으로 많을 것으로 생각되지 않는다. 그리고 하늘이 수불급이므로 온도가 높아 수증기의 응결에 의한 강수 가능성이 높지 않다. 그러므로 규칙적인 강수나 강설현상이 이루어지지 않고 구름이 끼기는 하나 강수현상은 약하게 일어나 일반적으로 가물 것이 예상된다. 그러나 오랜만에 비가 온다면 의외로 많은 강수현상이 나타날 가능성이 있다. 지역에 따라 이러한 현상이 일어날 때는 주의가 요구된다.

1운2기(3월 21일 - 4월 1일; 수불급 소양상화; 봄철)

- 전반적으로 가물어 한발에 대한 대책이 요구된다.

완연한 봄의 기운이 느껴지는 계절이다. 하늘은 1운의 객운인 수불급이고 지지는 2기인 소양상화이다. 세운의 사천인 양명조금의 바탕하에 일어나는 소양상화이므로 소양상화의 힘이 배가된다. 그러므로 지상은 따듯하고 온도가 상승하나 세운의 사천이 양명조금이므로 온도의 상승에 직접적으로 비례하여 지상에서 수증기 증발이 이루어지지 않는다. 따듯한 봄에 소양상화에 양명조금의 효과가 가해져서 지상의 온도가 상승하므로 호수나 하천과 같은 풍부한 수자원이 존재하는 지역 외에는 규칙적인 강수를 기대하기 어렵다. 전반적으로 가물어서 가뭄의 대책이 요구된다. 가문 와중에 일단 비가 온다면 넓은 지역에 형성된 구름에 의하여 호우성 강수현상이 국지적으로 강력하게 발생할 가능성이 높다.

2운 2기(4월2일-5월20일, 봄철;목태과 소양상화)

- 황사와 한발의 피해가 예상되는 계절이다.

봄철에 지상은 양명조금의 영향을 받은 소양상화이다. 봄의 계절이 무르익을수록 지상의 온도가 높아져서 수증기의 증발이 많아진다. 이때 하늘은 수불급의 기운에서 객운 2운인 목태과로 바뀐다. 하늘은 온도가 낮지 않은 수불급에서 바람이 강해지는 목태과로 기운이 바뀌었다. 2010년 황사와 태풍에 관한 논문에 의하면("황사 태풍 장기 예측을 위한 "황제내경" 운기론의 현대기상학적 연구", 김현경, 충남대학교 환경공학과 2010년 박사학위 논문) 10년 마다 한번씩 돌아오는 천간이 신년(辛年)인 해에는 우리나라의 황사의 빈도수가 크게 증가한다고 한다. 아마도 그 이유는 신년에는 수불급으로 온도가 높아지고 오운육기의 분포에서 객운의 2운이 황사가 많이 발생하는 봄철에 목태과이기 때문이라고 설명하고 있다. 구체적으로 우리나라 지난 50년동안 신년이 되는 수불급의 해에 황사발생일수는 56.4일로서 가장 작은 토태과의 해의 16.2일에 비하여는 3배 이상이며 두 번째로 많은 화태과의 해의 38.6일에 비하여서도 월등히 많다. 그러므로 2011년 목태과의 객운이 도래하는 봄철 2운에는 특히 황사발생에 주의를 필요로 한다.

통계적으로 황사발생 현상이 많다는 것은 황사는 물론 흙비형태로 올 가능성도 있으나 일반적으로 강수현상이 적어짐을 시사한다. 2운2기는 계절적으로 늦은 봄이다. 이때 소양상화의 운기는 지상의 온도를 높이는 역할을 한다. 그러므로 수증기의 증발량은 적지 않을 것이나 하늘의 기운인 목태과는 강한바람이나 이동현상으로 강수현상에 직접적으로 도움을 주는 찬 냉기를 가진 기운이 아니다. 그러므로 2운2기동안에도 역시 실질적으로 흡족한 비가 내리기 보다는 온도상승에 따른 간헐적인 과포화 형태의 강수 현상이 유력하여 보인다.

2운 3기(5월 21일 - 6월 8일; 목태과 양명조금, 늦은 봄)

- 막바지 봄에 더운 여름철과 같은 때 이른 더위가 예상된다.

지상이 소양상화에서 양명조금으로 바뀌고 하늘은 목태과의 기운을 유지하고 있다. 황사와 건조한 가운데 국지적인 호우의 가능성이 상존하는 가운에 늦은 봄에 매우 더운 여름철 같은 날씨가 예상된다. 일찍 냉방장치에 대한 준비가 필요할지도 모른다.

3운 3기(6월 9일-7월22일; 화불급, 양명조금, 여름철 장마의 계절)

- 장마전선의 시작될 것이나 강수량은 생각보다 적을 듯하다.

6월 중순의 들어서 장마가 시작되는 계절인데 운기는 하늘은 화불급이고 지상은 양명조금이다. 사천이 양명조금의 해에 객기가 양명조금이면 지상에서 발생하는 수증기의 양은 어느 정도 제한을 받을 것으로 보인다. 그러나 지상이 뜨거운 6월이라 강수에 필요한 실질적인 양의 증발은 이루어질 것으로 판단된다. 수불급의 해에 화불급이기는 하나 기간별 운기가 하늘은 온도가 높지 않고 찬 기운이 작용하는 기간이다. 그러므로 2010년 경인년의 부실한 장마전선의 형성과는 다르게 2011년에는 제대로 장마 전선이 형성되어 장마비가 내릴것 같다. 그러나 생각보다는 강수량은 많지 않을 가능성이 높다. 보다 구체적안 장마의 시작은 아마도 찬 기운이 시작되는 6월의 일진분포에 의하여 6월 중순경이 될 것으로 판단된다.

3운4기(7월 23일 -8월 13일,화불급, 태양한수, 긴장마와 장마후의 궂은 날씨)

- 장마이후에도 지속적 궂은 날씨가 예상되며 긴 장마와 함께 냉해 피해가 예상된다.

7월 23일부터 운기는 하늘은 화불급으로 온도가 낮고 지상 역시 태양한수가 되어 하늘과 지상 모두 찬 기운이 도래한다. 즉 수분의 발생의 많은 7, 8월의 폭염에 하늘과 땅에 찬 기운이 영향을 미치고 있다. 이것은 장마기간이 매우 긴 장마로 이어거나 장마 후에도 지속적으로 비가 오는 궂은 날씨가 이어질 가능성이 상존한다. 만일 수증기의 발생이 적은 지역이나 일진이라면 여름철 냉해에 청명한 기상도 부분적으로 나타날 가능성이 있다. 그러므로 긴 장마와 함께 냉해에 의한 피해에 대비가 요구된다. 긴장마가 되든지 아니면 냉해가 나타나던지 어느 경우가 되더라도 이 기간에 해수욕장 등의 경기에 부정적인 영향을 줄 것으로 보인다.

4운 4기(8월14일-9월 22일;토태과, 태양한수, 피서 시즌)

- 본격적인 피서철이 예상된다. 태풍의 기운은 장마기간의 날씨가 변수이다.

하늘의 운기가 토태과로 바뀌어 하늘에 냉기가 사라지고 습기를 많이 함유할 수 있어 강수현상은 크게 감소할 것이다. 그러나 지상이 태양한수이므로 소량의 지속적인 강수현상이 발생하는 와중에 청명한 날씨가 이어진다. 이는 지역에 따라 차이가 클 것으로 보인다. 토태과의 기운이 지배하므로 강력한 태풍은 기대하기 어렵다. 최근에 한반도에 영향을 미치는 태풍의 수가 감소하고 있다. 이는 온난화 현상에 의한 바닷물

수온 상승의 인자를 감안하면 일견 이해가 가지 않는 현상이다. 그러나 한반도 주변의 온난화가 다른 지역의 온난화보다 강력함을 고려할 때 한반도 주변의 온난화에 의한 압력 상승의 효과가 한반도로 태풍의 진로를 부분적으로 차단하고 있다고 생각한다. 그러나 2010년 경인년은 봄부터 여름 장마기간을 거치면서 많은 비가 내리지 않을 경우 바닷물의 온도 상승이 지속적으로 이루어졌고 곰파스라는 강력한 태풍이 한반도에 피해를 주었다. 2011년도 역시 건조한 해이므로 특히 장마기간에 강수현상이 제대로 이루지지 않는다면 바닷물의 온도상승이 이루어지고 이것이 태풍발생으로 이어지기 때문에 이러한 점을 고려하여야 할것으로 보인다. 2011년 8월에는 특히 8월 광복절이 낀 주부터 일진이 온도가 병정 사오미가 중복되어 나타나면서 온도가 높아지기에 이 때 발생한 태풍이 8월 20일 이후에 한반도에 영향을 미칠 가능성이 있다고 보여진다.

4운5기(9월 23일 - 11월 16일; 토태과, 궐음풍목, 천고마비의 가을) - 평범하지마는 약간 온도가 높고 구름이 많은 가을이 예상된다.

수불급의 해에 가을철 토태과이다. 토태과이므로 토극수를 하여 하늘에는 찬기운이 비교적 약할것이다. 그러므로 하늘에 그런대로 수증기의 함유가 많을 것이다. 지상은 양명조금의 해에 가을철 궐음풍목이므로 궐음풍목의 국지풍 역시 강력하여 보이지 않는다. 그러므로 이 기간동안에는 청명한 가을이라기 보다는 온도가 약간 높으면서 비가 많지 않은 가을이 될 것이다. 따라서 일찍 쉽게 추워지지는 않을 것으로 보인다. 아마도 단풍은 예년에 비하여 약간 늦게 들 가능성이 있으며 김장시기 또한 늦어질 가능성이 높다.

5운5기(11월 17일-11월 22일; 금불급,궐음풍목, 늦가을)

4운5기와 큰 차이는 없으나 하늘에 습기가 많은 토태과에서 건조하지 않다는 금불급으로 바뀌었다. 17일 부터 22일까지 6일간의 짧은 기간인데다가 운기의 변화도 토태과에서 금불급으로 연속성을 보이기에 기상에 큰 변화가 나타날 것으로 보이지는 않는다. 약간 온도가 높은 평범한 가을이 계속될 것으로 예상된다.

5운 6기(11월 23일 - 2012년 1월 7일; 금불급, 소음군화, 겨울)

- 일반적으로 따듯한 겨울이나 일진이나 지형적인 영향으로 많은비나 폭설 가능성

본격적인 겨울의 운기는 금불급에 소음군화이다. 2011년 신묘년의 대표적인 운기가 수불급에 양명조금임을 고려하면 신묘년 12월의 기온은 높은편이다. 즉 수불급의 기운에 금불급이므로 하늘에는 온도가 높은 수증기가 존재할 가능성이 있고 지상은 양명조금에 소음군화이므로 습기는 많지 않으나 온도가 높아진다. 그러므로 지상은 온도가 높아지거나 수자원이 풍부한 지역에서는 수증기의 실질적인 증발이 이루어질 가능성이 있다. 결국 신묘년 겨울철에는 나름대로 많은 수증기가 상공에 함유될 가능성이 존재한다. 이것이 의미하는 바는 겨울철은 일반적으로 따듯하여 지속적으로 많은 눈이 내릴 가능성은 작다. 그러나 일진이나 지역적인 영향으로 찬 대륙성 고기압의 영향을 받는 상황에서 눈이나 비가 온다면 폭설이나 많은 비가 내릴 가능성이 있다. 특히 서해안 바닷가 시설 하우스등은 사전에 주의가 요구된다. 특히 4운5기 이후 가을철 운기가 차지 않았고 온난화의 효과가 가세한다면 바닷물의 수온이 하강하

지 않아 이러한 가능성이 실질적으로 존재한다.

기상백서 氣象白書

제 3 장

2011년 주제별 기상특징

황사
산불과 화재
장마
태풍이나 열대성 저기압에 의한 호우 또는 열대야
서해안 폭설
안개

2011년 주제별 기상특징

황사

아래에 제시한 황사관측일수 연구결과가 보여주듯이 우리나라에서는 신묘년과 같이 병신합수에 의한 수불급의 기운이 나타나는 해에 황사의 발생빈도가 높게 나타나고 있다.(2010년 김현경 박사 학위논문) 특히 신묘년에는 지지의 묘목에 의하여 묘유충 양명조금의 기운이 발생하여 지상이 건조하다. 그렇기 때문에 몽고나 중국내륙에서의 황사발생의 가능성이 매우 높다. 그러므로 특히 일년중 오운육기 분포에 의하여 하늘에 강한 바람이 부는 목태과의 기간(2011년에는 2운2기와 2운3기 즉 4월 2일 ~ 5월 8일)에는 황사가 한반도에 나타날 가능성이 보다 높다고 할 수 있다.

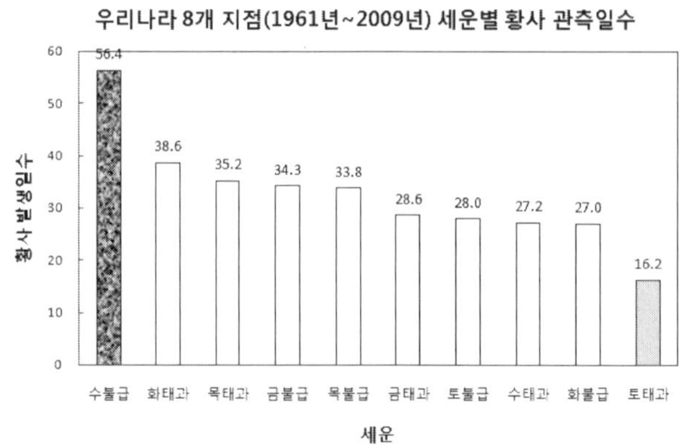

그림 1961~2009년 한반도 세운에 따른 황사 발생 빈도수
(김현경 박사학위논문, 2010년 충남대 환경공학과)

산불과 화재

특히 건조한 봄가을 등으로 강수현상이 많지 않으나 일반적으로 운기가 습한 기운이 도래하여 산불이나 화재등으로 직접적인 연결로 이루어질 가능성은 높지 않다고 판단된다. 그러나 신묘년은 신금이 본질적으로 건조한 기운이며 묘유충 양명조금에 의하여 건조한 기운이 유도되는 등 여러 건조한 기운이 존재하기에 겨울 봄의 환절기나 가을-겨울의 환절기에는 어느 정도 주의가 요구된다.

장마

한반도의 장마는 보통 6월 중순경부터 시작한다. 장마는 지상의 기온이 상승하면서 이에 대응하는 찬기운이 존재할 때 장마전선의 형성되면서 발생한다. 6월의 운기는 6월 9일 화불급의 3운이 시작한다. 그러므로 장마전선이 형성될 최소한의 조건이 갖추어진다. 일진의 분포를 보면 6월 중순경에 '임계 해자축' 의 기운이 중첩되어 나타나므로 장마는 이때부터 시작할 것 으로 판단된다. 만일 이때 장마가 시작되지 않는다면 6월하순경에 과포화성 강수 현상이 이루어진후 6월 25일 경부터 장마가 나타나기 시작할 것이다. 2011년 신묘년은 여름철에 운기가 3운3기(6월9일-7월 22일,화불급 양명조금)이고 3운4기(7월23일-8월13일,화불급 태양한수) 그리고 4운4기(8월 14일-9월22일)로 찬 운기가 길게 초가을 무렵까지 나타나고 있어서 장마기간이 매우 길어질 가능성이 있다. 운기와 계절의 변화등을 고려할 때 아마도 8월 13일전후까지 장마가 이어질 가능성이 높다. 그러므로 2011년 신묘년은 긴 장마를 대비한 준비가 필요하다. 장마후에도 8월이 태양한수의 찬 기운이 나타나기에 소량의 지속적인 강수나 냉해 등의 가능성이 있으므로 이점에 유의하여야 한다.

태풍이나 열대성 저기압에 의한 호우 또는 열대야

앞에서 언급한 김현경 박사의 논문에 의하면 신묘년과 같은 수불급의 해는 태풍의 발생강도가 다음에 제시한 그림에서 보듯이 그렇게 낮지는 않다. 중상위권에 속함을 알 수 있다. 그러나 신묘년에는 사천지기가 묘유충 양명조금이 된다. 이러한 사천지기에 따른 태풍 발생 강도수는 제일 낮다. 그러므로 통계적인 관점에서는 2011년 신묘년의 태풍발생 가능성은 크게 높다고 할 수는 없다. 그러나 신묘년은 일반적으로 건조하고 온도가 높은 특징을 지닌 해이기 때문에 북태평양의 바다 온도가 지속적으로 상승할 가능성이 높아 주의가 요구된다. 특히 태풍발생이 높은 8,9월이 토태과의 기운을 가졌고 또한 일진의 분포가 특히 병정사오미로 크게 더운 경우에는 주의가 요구된다. 예를 들면 2011년 8월 중순경의 일진이 18일, 19일, 20일 을사, 병오, 정미로 매우 뜨거워지기에 이 기간을 전후하여 태풍이 발생할거나 열대성 저기압에 의한 호우현상이 나타날 가능성이 높다고 할 수 있다. 만일 이 기간에 태풍이나 열대성 저기압에 의한 호우와 같은 기상 현상이 발생하지 않는다면 더운 열대야로 이어질 것이다. 다음 달력은 앞에서 언급한 2011년 8월 광복절이 낀 주의 일진을 보여준다. 이러한 때는 일진이 덥기 때문에 열대성 저기압에 의한 호우나 태풍발생이 그 주의 후반부에서부터 시작할 가능성이 있다.

14 辛丑7.15	15 壬寅	16 癸卯	17 甲辰	18 乙巳	19 丙午	20 丁未
	광복절					

그림. 2011년 8월 광복절 포함한 주의 일진

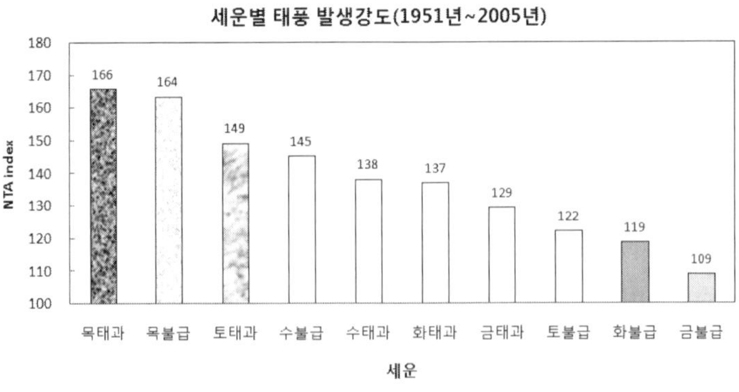

그림 1951-2005년동안 세운에 따른 태풍강도 분포 (김현경 박사논문,2010년)

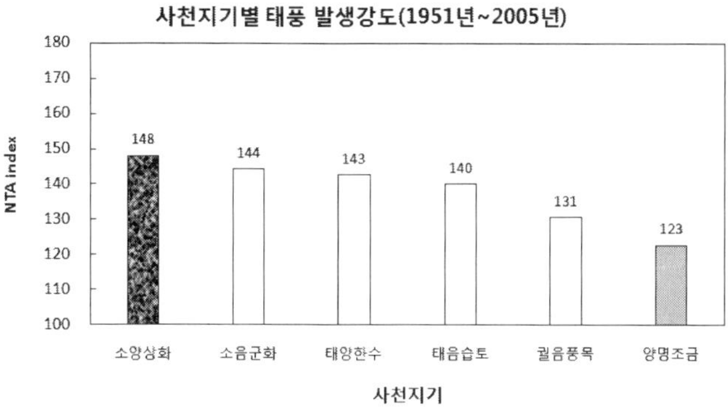

그림. 1951-2005년 대한민국 사천지기에 다른 태풍의 강도 분포

서해안 폭설

2010년 가을과 겨울의 온도가 높지 않았기 때문에 2010년 12월과 2011년 1월에 서해안 폭설이 내릴 가능성은 높지 않다. 그러나 2011년 본격적인 겨울의 운기는 금불급에 소음군화이다. 2011년 신묘년의 대표적인 운기가 수불급에 양명조금임을 고려하면 신묘년 12월의 기온은 높은 편이다. 즉 수불급의 기운에 금불급이므로 하늘에는 온도가 높은 수증기가 존재할 가능성이 있고 지상은 양명조금에 소음군화이므로 습기는 많지 않으나 온도가 높아진다. 그러므로 지상은 온도가 높아지거나 수자원이 있는 지역에서는 수증기의 실질적인 증발이 이루어질 가능성이 있다. 그리고 2011년 신묘년 12월의 일진은 병정사오미나 임계해자축과 같은 차고 더운 일진이 교차하여 나타나므로 눈이나 비가 온다면 일시적으로 폭설이나 많은 비가 내릴 가능성이 있으므로 특히 서해안 바닷가 시설하우스 등은 시설물 관리에 주의가 요구된다.

안개

2011년 신묘년은 지상이 양명조금이므로 지상의 공기가 수분을 배출하여 건조한 공기상태를 유지하려고 한다. 그러므로 지역에 따라서는 많은 안개가 형성될 가능성이 있다. 특히 5월말이후 7월 중하순까지가 양명조금의 기간이고 수증기의 증발이 많은 기간이므로 이 기간 동안에 짙은 농무가 발생할 가능성이 높아 주의가 요구된다.

제 4 장

2011년 계절별 기상특징

겨울(2011년 1월과 2월)
봄
여름
가을
겨울(2011년 12월)

| 제 4장 |

2011년 계절별 기상특징

겨울(2011년 1월과 2월)

1월의 하늘의 기운은 경인년의 지배한다. 그리고 지상은 1월 20일 이후에는 신묘년의 운기가 관장한다. 하늘의 건조한 기운이 토태과의 기운에 의하여 완화되며 지상의 신묘년의 양명조금의 기운도 태음습토의 기운에 의하여 역시 감소한다. 그러므로 1월은 특히 건조한 기운이 감소되기에 한서의 변화가 아주 크지는 않을 것으로 보인다.

2월은 본격적으로 신묘년 기운에 영향을 받기 시작하는 달이다. 신묘년의 대표적인 기운은 하늘은 수불급이고 지상은 양명조금이다. 1운1기는 수블급에 태음습토이고 따듯하여지기 시작하는 2월이다. 그러므로 태음습토로 수분을 많이 함유한 동토가 녹으면서 수증기 증발이 어느 정도 이루어지나 하늘은 수불급이기에 지상에서 상승한 수분을 강력하게 냉각시켜 눈이나 비로 내리게 하는 힘이 약하다. 그러나 일진의 분포가 차고 더운 기운이 교차하고 있으므로 강력하지는 않으나 실질적으로 눈비도 제법 내리고 따듯한 와중에 한파도 예상된다. 일반적으로 2010년 가을철 온도가 낮았기에 이기간중에 서해안 폭설등이 나타날 가능성은 크게 높지 않다. 그러나 2월말에 아주 따듯한 운기에 강력하게 찬 일진이 도래하므로 이 때는 주의가 요구된다.

봄

3월은 수블급의 해에 수불급과 태음습토의 기운을 가진 1운1기가 지배한다. 그러므로 3월의 봄은 잔설과 찬 바람속에서도 한기가 많이 가신 따듯한 봄날의 정취를 즐길수 있다. 특히 초순에 일진의 분포가 "병정사오미"로 매우 따듯하다고 "임계해자축"으로 강력하게 찬기운이 도래하므로 포화성 강수나 강설 현상이 나타날 가능성이 높다. 초순을 지나고 나면 하순에는 수블급에 소양상화의 1운2기의 기운이 나타나므로 따듯한 봄날이 이어질 것이다. 하늘이 수블급이므로 의외로 강수현상이 적을 가능성이 높다

4월에는 목태과의 기운을 가진 2운2기의 절기가 봄철에 신묘년의 우려하고 있는 황사현상이 본격적으로 나타날 가능성이 높다. 양명조금의 해에 소양상화의 기운이 4월에 나타나므로 지상은 쉽게 온도가 상승하고 수자원이 분포한 지역에서는 실질적인 수증기의 증발량이 이루어질 가능성이 높다. 그러나 하늘은 목태과이므로 중순까지는 강수현상이 약할 가능성이 있으나 중순이후에는 일진의 분포가 한서의 변화가 뚜렷하므로 포화성 또는 응결성 강수 현상이 지역에 따라 나타날 것으로 예상된다.

5월은 운기가 2운2기의 목태과와 소양상화 그리고 2운3기의 목태과 양명조금으로 구성되어 잇다. 그러므로 수불급의 해에 황사의 빈도수가 높고 봄철에 하늘에 강풍이 부는 목태과 지상에는 온도가 높거나 건조한 소양상화와 양명조금의 기운으로 구성되어 있으므로 황사가 나타날 가능성이 높다. 지상에서 발생하는 수증기의 양은 많지 않은데 하늘은 세운이 수불급이고 계절운기가 목태과이므로 응결력이 약하다. 그러므로 규칙적인 강수의 가능성이 낮다. 단 초순에 일진의 한서교차가 강하므로 이때는 나름대로 실질적인 포화성 또는 응결성 강수가 기대된다.

여름

6월은 본격적으로 온도가 높아지고 따라서 장마가 시작하는 달이다. 6월의 하늘의 운기는 6월 9일부터 목태과에 화불급으로 바뀌므로 하늘에는 비로소 냉기에 의한 응결의 기운이 나타난다. 그리고 중순경부터 찬 기운을 가진 일진이 중첩되어 나타나므로 이 시기부터 본격적인 장마가 시작할 가능성이 높다. 만일 이때 장마가 시작되지 않는다면 25일 이후에 장마전선이 형성될 것이다. 그러나 일진의 기운이 한서가 분명하게 교차하므로 장마전이라도 호우성 강수현상이 나타날 것이다. 장마전선이 형성된다고 하더라도 지상이 양명조금으로 지역에 따라서는 강수현상의 편차가 클 가능성이 있다.

7월 역시 운기가 6월과 중순까지는 비슷하다. 즉 7월 22일까지는 화불급에 양명조금이다. 지상이 양명조금이므로 수자원이 풍부한 지역에서는 수증기의 방출량이 많아서 제대로 된 장마비가 내릴 것이나 수자원이 부족한 지역에서는 그 반대의 현상이 나타날 수 있다. 7월 23일 이후에는 지상의 운기가 바뀌어 화불급에 태양한수(3운4기)가 도래한다. 장마가 끝나가는 시점에 찬 기운이 지상과 하늘에 나타나게 되므로 장마가 연장되어 긴 장마가 중부지방이나 한반도 북부로 이동하여 나타날 가능성이 있으며 지역적으로 냉해도 예상된다.

8월의 13일까지는 3운4기의 화불급과 태양한수의 기운이 지배하므로 이 때까지는 장마가 이어질 가능성이 높다. 그러나 8월 14일 이후에는 4운4기로서 토태과의 기운이 도래한다. 그러므로 하늘에 찬 냉기는 약하여진다. 그러므로 이 때가 되면 장마의 기운이 사라질 것으로 판단한다. 그러나 일진이 한서의 교차가 강력하나 태양한수의 기운이 존재하여 열대야의 현상을 어느 정도 완화시켜줄 것으로 판단한다. 그리고 병정사오미 기운이 8월말에 나타남은 태풍이나 열대성 저기압에 의한 호우의 가능성이 있다. 광복절에는 비가 올 가능성은 높아 보이지 않는다.

가을

9월은 처서를 지나 천지에 습기가 감소한다. 이러한 9월에 4운4기의 토태과와 태양한수의 기운과 4운5기의 토태과와 궐음풍목의 기운이 지배한다. 그러므로 수증기의 증발은 적어지고 하늘에 찬 기운이 적다 그러므로 9월은 맑은 하늘을 보일 것으로 예상된다. 9월초에 일진의 한서분포가 분명하므로 포화성 강수현상이나 응결성 강수현상이 나타날 가능성이 높다.

10월의 운기는 4운5기로서 토태과와 궐음풍목이 지배한다. 토태과 궐음풍목은 한서의 기운이 명확하지 않은 기운이다. 2011년 신묘년은 수불급에 양명조금의 해인데 가을철의 이러한 5운6기의 도래는 가을철의 기운이 크게 부각되지 않는 것으로 판단된다. 그러므로 단풍이 비교적 늦을 것으로 예상되나 약간 온도가 높은 가을철이 지속될것으로 보인다. 그러나 10월의 중순이후 일진분포가 한서차가 명확하므로 일시적으로 찬바람이 불 가능성도 상존한다.

11월은 4운5기, 5운5기, 그리고 5운6기의 기운이 상존하여 복잡하게 얽혀있는 달이다. 그러나 4운 5기의 토태과 궐음풍목의 기운은 5운5기의 금불급 궐음풍목과 큰 차이가 없다. 그리고 마지막 운기인 5운6기의 기운이 금불급 소운군화의 기운으로 나타난다. 결국 2011년 후반기 겨울은 히늘과 지상에 모두 온도가 높은 쪽으로 나다닌다. 그러나 일진의 분포가 한서의 균형을 이루고 있어서 따듯한 와중에 강력한 기습한파가 나타날 가능성은 약하여 보인다.

겨울(2011년 12월)

12월 금불급에 소음군화가 5운 6기로 지배한다, 가을철부터 온도가 낮지 않았고 특히 12월에는 소음군화가 지상을 지배한다. 그리고 12월 중순 이후부터 일진이 한서의 차가 강력하므로 서해안 등에 폭설의 가능성이 있어 주의가 요구된다.

기상백서 氣象白書

제 5 장

수능 시험 및 사업 길방(吉方)찾기

2011학년 수능시험 길방의 예

2012학년 수능시험의 길방의 예

현공풍수 간운(艮運)(2004-2023년)의 길흉방

| 제 5장 |

수능 시험 및 사업 길방(吉方) 찾기

우리는 시험이나 면접을 보거나 또는 사업이나 몸아 아파 병원을 찾는 경우 과연 어느 방향으로 가야 길한 방향인지가 궁금할 때가 많다.

시험이나 면접을 볼 경우 또는 골프 시합과 같은 운동경기의 경우 만일 우리가 좋은 방향을 선택하여 목적지에 도달한다면 길한 방향의 기운을 가지고 가는 것이기에 시험이나 경기에서 기대이상의 좋은 효과를 기대할 수도 있을 것이다. 그래서 본 기상달력에서는 매일 매일의 일진에 따른 최상의 좋은 방향을 한 두개 적시하여 놓았다. 예를 들어 신묘년 1월 달력의 경우 생활 기상 정보 아래를 보면 구기성의 정보 하단에 그날 그날의 길한 방향이 표시되어 있다. 시험이나 면접 또는 사업이나 병원 등을 찾고자 하는 경우 활용한다면 크게 도움이 될 것으로 판단한다.

陽曆	1	2	3	4	5	6	7	8	9	10	11	12	13	14	15
陰曆	11.27	28	29	12.1	2	3	4	5	6	7	8	9	10	11	12
일진	丙辰	丁巳	戊午	己未	庚申	辛酉	壬戌	癸亥	甲子	乙丑	丙寅	丁卯	戊辰	己巳	庚午
구기성	八	七	六	五	四	三	二	一	一	二	三	四	五	六	七
길방	북	북	북	[illegible]	[illegible]	[illegible]	[illegible]	[illegible]	[illegible]	[illegible]	[illegible]	[illegible]	[illegible]	[illegible]	[illegible]

陽曆	16	17	18	19	20	21	22	23	24	25	26	27	28	29	30	31
陰曆	13	14	15	16	17	18	19	20	21	22	23	24	25	26	27	28
일진	辛未	壬申	癸酉	甲戌	乙亥	丙子	丁丑	戊寅	己卯	庚辰	辛巳	壬午	癸未	甲申	乙酉	丙戌
구기성	八	九	一	二	三	四	五	六	七	八	九	一	二	三	四	五
길방	[illegible]	[illegible]	[illegible]	[illegible]	[illegible]	[illegible]	[illegible]	[illegible]	[illegible]	[illegible]	[illegible]	[illegible]	[illegible]	[illegible]	[illegible]	[illegible]

2011년 신묘년 1월 기상달력에 제시된 길방정보의 예

동서남북의 방향과 남동, 남서, 북서, 북동의 방향이 가지는 각도를 아래 그림에 표시하였다. 구체적으로 1월1일(음력 11월 27일)에 병원이나 사업 기타 시험을 위하여 좋은 길방을 찾고자 한다면 이 때 아침에 일어나서 가는 목적지의 방향은 북쪽방향이다. 만일 중요한 일일경우라면 가고자 하는 목적지가 북쪽이 되도록 그 전날의 숙소를 변경하는 것이 필요하다.

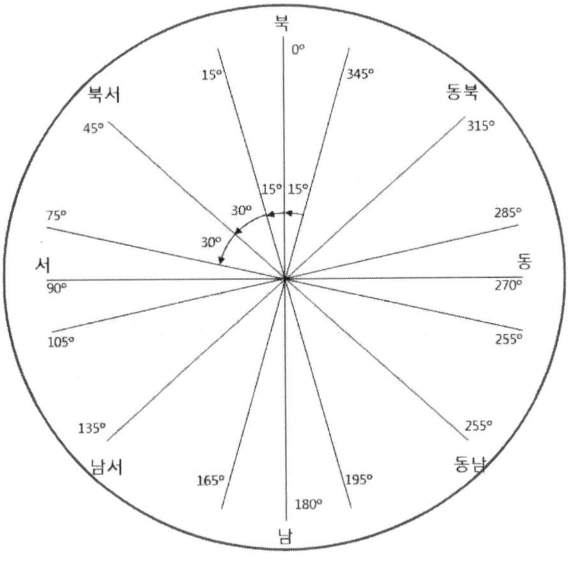

그림. 방위 표시

2011학년 수능시험 길방의 예

(수능 점수 제고를 위한 마지막 2% 전략)

춘추 전국시대 손자병법과 같은 방위학 이론을 현대적으로 응용하면 수능 당일 시험장 가는 방향이 시험점수 실질적인 영향을 줄 수 있을지 모른다. 2010년 11월 18일 목요일에 치루어지는 2011년 대입 수능시험이 치루어지는 금년의 기운은 자기 집이나 마지막 숙박지를 중심으로 하여 정북으로 가거나 아니면 정남으로 가는 것이 제일 유리하다. 아래 표를 살펴본 후 실제 예로 제시한 대원외고의 경우를 살펴보자.

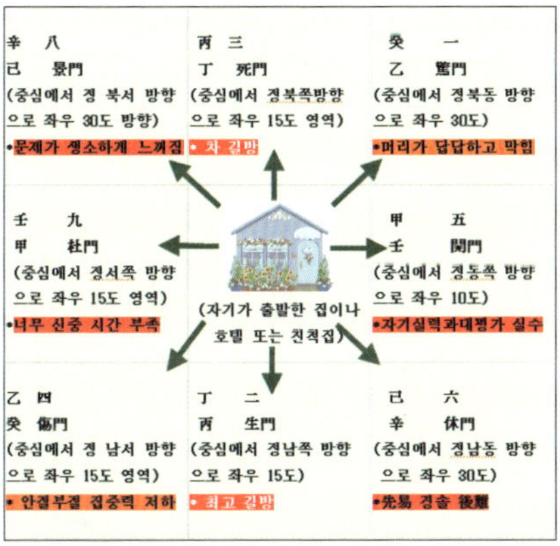

예를 들어 대원외고에 2010년 11월 18일에 수능시험을 보는 것을 가정할 경우 삼성 로얄아파트 거주학생은 북쪽으로 가는 것이니 매우 유리하다. 또한 SK아파트나 용마산역 부근에 사는 학생이라면 이 경우는 남쪽으로 가는 것이나 제일 좋은 방향이라 할 수 있다. 즉 2010년 수능일에는 움직이는 방향이 남쪽이나 북쪽을 선택할 경우 좋다는 이야기이다. 그러나 일성 파크 아파트에 살고 있는 학생이라면 대원외고가 북동쪽이 된다. 이 북동쪽 방향일 경우는 학생이 시험을 보는 동안 웬지 머리가 답답하다는 느낌을 가진다는 것이 춘추전국시대 이후 병법에 사용된 방위학의 이론이다. 이러한 식으로 누구든지 자기가 하루 일박한 장소에서 시험장으로 방향에 따른 2010년 11월 18일에 시행되는 2011년 수능시험의 방향에 따른 기운의 변화와 시험운을 살펴볼 수 있을 것이다.

2012학년 수능시험의 길방의 예

한편 2011년 11월 17일에 치루어질 예정인 2012년 수능시험의 경우는 길방이 북서방향이 유일하다. 대원외고가 시험장이라면 쉐라톤 그랜드호텔이나 아차산유원지에서 일박을 하고 시험장으로 출발을 하는 것이 매우 좋다. 그 방향을 선택할 경우 자기가 주로 공부한 내용이 잘 떠오르며 시험문제와 일치하는 경우가 많아서 침착하게 시험에 응할수 있어 좋은 결과가 기대된다. 이외에 다른 방향은 크게 추천할수 없으나 굳이 다른 방향을 선택하여야 한다면 용마산 쪽에서 접근하는 것을 고려할 수 있다.

현공풍수 간운(艮運)(2004-2023년)의 길흉방

(주택이나 상가의 발복하는 향(向)이나 대문의방향)

2004년부터 2023년까지는 현공풍수에서 8운 간운(艮運)에 해당한다. 이 운에서는 정남쪽에서 동으로 30도와 45도 각도인 해좌사향(30도)과 건좌손향(45도)이 길방이다. 그리고 정남쪽에서 서쪽으로는 30도 방향인 축좌미향(30도)가 역시 길방이나 45도인 축좌곤향(45도)와 인좌신향(60도)는 상산하수(上山下水)에 복음(伏吟)까지 걸린 패망하는 방향이므로 극히 조심하여야 한다. 즉 남에서 서쪽으로 남서 45도나 60도 방향으로 길이 나거나 향이나 문을 내면 대흉하다는 것을 유념하기를 바란다.

즉 남동(30도), 남동(45도) 그리고 남서(30도)는 길한 방향이고 남서(45도)와 남서(60도)는 매우 흉한 방향임을 기억하여야 한다.

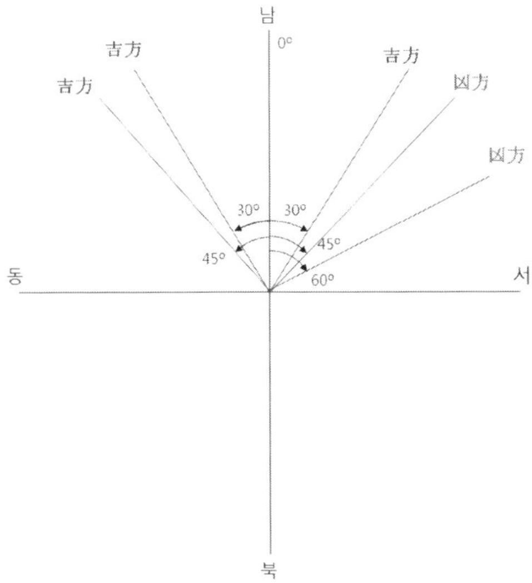

기상백서 氣象白書

—제 6 장—

공망시간에 대한 정보

| 제 6장 |

공망시간에 대한 정보

공망 시간이란 60갑자가 순환하면서 천간과 지지의 결합과정에서 일어나는 공허하고 허망하다는 시간이다. 이 때에 오는 전화나 중요 사업이야기 시험이나 면접 또는 중요 서류등을 제출하면 상대방의 실수나 부실로 목적사사 성공하기 어렵다는 시간이다. 기상달력에 매일 매일의 공망시간을 표시하였으니 이러한 정보를 이용하여 공망 시간에 부질없는 노력을 하는 일이 없도록 정보를 제공한다. 아래 공망시간에 대한 2011년 10월 달력의 예를 제시하였다.

SUNDAY	MONDAY	TUESDAY	WEDNESDAY	THURSDAY	FRIDAY	SATURDAY
*공망시간에 밖에 나가면 물건 매진이고 택시 잡지 못함. 10월 1-5일 갑신순 : 오미시(11시 30분-15시30분) 공망시간 10월 6-15일 갑오순 : 진사시(7시 30분-11시30분) 공망시간 10월 16-25일 갑진순 : 인묘시(3시 30분-7시30분) 공망시간 10월 26-31일 갑인순 : 자축시(23시 30분-3시30분) 공망시간						1 己丑 9.5
2 庚寅	3 辛卯 개천절	4 壬辰	5 癸巳	6 甲午	7 乙未	8 丙申
9 丁酉 한로	10 戊戌	11 己亥 9.15	12 庚子	13 辛丑	14 壬寅	15 癸卯
16 甲辰	17 乙巳	18 丙午	19 丁未	20 戊申	21 己酉	22 庚戌
23 辛亥 30 戊午	24 壬子 상강 31 己未 10.5	25 癸丑	26 甲寅	27 乙卯 10.1	28 丙辰	29 丁巳

기상백서 氣象白書

부록 1

2011년(辛卯年) 기상달력

2011년 신묘년 운기표
2011년 월별 기상달력

[표] 辛卯年(2011年) 運氣表

구분														
辛卯年 기본 기운	天干	辛金												
	地支	卯木												
辛卯年 유도된 기운	간합	丙辛合化水(수불급)												
	지지충	묘유충(卯酉沖) 양명조금(陽明燥金)												
계절		겨울			봄			여름			가을			겨울
객운 (하늘의 변화 기운)		1운 (수불급) 2월 2일~4월 1일			2운 (목태과) 4월 2일~6월 8일			3운 (화불급) 6월 9일~8월 13일			4운 (토태과) 8월 14일~11월 16일		5운 (금불급) 11월 17일~1월 7일	
객기 (지상의 변화 기운)		1기 1월20일~3월20일 태음습토(太陰濕土)			2기 3월21일~5월20일 소양상화(少陽相火)		3기 5월21일~7월22일 양명조금(陽明燥金)		4기 7월23일~9월22일 태양한수(太陽寒水)		5기 9월23일~11월22일 궐음풍목(厥陰風木)		6기 11월23일~1월20일 소음군화(少陰君火)	
24절기	월운	己丑	庚寅	辛卯	壬辰	癸巳	甲午	乙未	丙申	丁酉	戊戌	己亥	庚子	辛丑
	월(양력)	2011년 1월	2	3	4	5	6	7	8	9	10	11	12	2011년 1월
	음력	12/3	1/2	2/2	3/3	4/4	5/5	6/7	7/9	8/11	9/13	10/13	11/13	12/13
	양력	1/6	2/4	3/6	4/5	5/6	6/6	7/7	8/8	9/8	10/9	11/8	12/7	1/6
	절기	소한	입춘	경칩	청명	입하	망종	소서	입추	백로	한로	입동	대설	소한
		대한	우수	춘분	곡우	소만	하지	대서	처서	추분	상강	소설	동지	대한

	5운6기 11.22-1.19	5운1기 1.20-2.1	1운1기 2.2-3.20	1운2기 3.21-4.1	2운2기 4.2-5.20	2운3기 5.21-6.8	3운3기 6.9-7.22	3운4기 7.23-8.13	4운4기 8.14-9.22	4운5기 9.23-11.16	5운5기 11.17-11.22	5운6기 11.23-1.7
객운(하늘)	토태과	토태과	수불급	수불급	목태과	목태과	화불급	화불급	토태과	토태과	금불급	금불급
객기(지상)	궐음풍목	태음습토	태음습토	소양상화	소양상화	양명조금	양명조금	태양한수	태양한수	궐음풍목	궐음풍목	· 소음군화
2011년 기상 개황	일반적으로 온도가 높고 건조하며 한발의 가능성이 높은 한해이다. 특히 봄철에는 황사의 가능성이 있고 여름철 장마는 6월중순부터 8월 중순경까지 긴장마가 예상된다. 태풍이나 열대성 저기압에 의한 호우 가능성은 북태평양 바다의 온도에 영향을 미칠 봄부터 여름까지의 북태평양 바다 온도상승 여부가 중요할 역할을 할 것이다. 특히 8월 중하순 경이 태풍도래 가능성이 높은 기간이다. 가을과 겨울은 온화하나 온화한 와중에 2011년 12월 이후 서해안 폭설 등의 가능성이 존재한다. 금극목의 작용이 강한 해이므로 기업이나 가계의 도산, 쇠붙이에 의한 사람의 다침이나 구제역이나 조류독감과 가축의 질병 역시 우려되는 한해이다. 실력에 따른 신인들의 등장이나 기존의 인물들의 부침이 많아 보이는 해이다.											

2010년 12월

陽曆	1	2	3	4	5	6	7	8	9	10	11	12	13	14	15	16	17	18	19	20	21	22	23	24	25	26	27	28	29	30	31
陰曆	10.26	27	28	29	30	11.1	2	3	4	5	6	7	8	9	10	11	12	13	14	15	16	17	18	19	20	21	22	23	24	25	26
曜日	수	목	금	토	일	월	화	수	목	금	토	일	월	화	수	목	금	토	일	월	화	수	목	금	토	일	월	화	수	목	금
생활 기상 정보							대설										추운 날씨					따뜻한 중에 기습한파 가능성			성탄절			추운날씨			

12월 기상 특징	2010년 경인년의 마지막달이다. 토태과로 인하여 건조함이 줄고 하늘의 찬 기운이 감소한다. 그러므로 대설이나 한파 등의 극단적인 겨울 기상 현상은 나타나지 않을 것으로 보인다. 그러나 일진의 분포가 "임계해자축"과 "병정사오미"로 차고 더운 기운이 분명하게 교차하고 있기 때문에 특히 크리스마스 전후하여 따뜻한 와중에 기습 한파 등이 예상된다. 크리스마스 때에는 바람이 불고 눈이 내릴 가능성이 있다.
운기와 생활 건강	경인년 금태과 해의 막바지이다. 금태과의 해에는 폐·대장병이나 기관지, 비염, 치질, 폐렴, 손목아픔 등의 질환 발생이 높다. 현미 잡곡밥이 좋고 매운 음식이나 생강차 등의 음료수가 건강에 크게 도움을 줄 것이다. 그리고 계절이 동절기에는 검은콩이나 된장, 두부 등의 음식이나 다시마, 김 그리고 젓갈과 같은 짭짤한 반찬을 섭취하는 것이 긴긴 겨울밤을 삭신이 쑤시지 않고 지낼 수 있는 방법이다.

강수 확률 높은날

陽曆	1	2	3	4	5	6	7	8	9	10	11	12	13	14	15	16	17	18	19	20	21	22	23	24	25	26	27	28	29	30	31
일진	乙酉	丙戌	丁亥	戊子	己丑	庚寅	辛卯	壬辰	癸巳	甲午	乙未	丙申	丁酉	戊戌	己亥	庚子	辛丑	壬寅	癸卯	甲辰	乙巳	丙午	丁未	戊申	己酉	庚戌	辛亥	壬子	癸丑	甲寅	乙卯
구기성	三	二	一	九	八	七	六	五	四	三	二	一	九	八	七	六	五	四	三	二	一	九	八	七	六	五	四	三	二	一	九
길방 (吉方)	남동	남동 남	남서 남동	남서	북서 남	북	남동	북서	남동	북서	동	동 서	동 북	남서	북	동	북동	남동	남서	서	남동 남서 북	동	남서 서	북	남	북동	남동	북서	남동 북서	남동	동 남

오운 육기	토태과, 궐음풍목	
연운 및 특징	경인년, 정해월	경인년, 무자월

DECEMBER 12 2010

SUNDAY	MONDAY	TUESDAY	WEDNESDAY	THURSDAY	FRIDAY	SATURDAY
★ 공망시간:서류나 원서접수하면 접수처 실수로 하자 발생. 12월 1-9일 갑신순 : 오미시(11시 30분-15시30분) 공망시간 12월 10-19일 갑오순 : 진사시(7시 30분-11시30분) 공망시간 12월 20-29일 갑진순 : 인묘시(3시 30분-7시30분) 공망시간 12월 30-31일 갑인순 : 자축시(23시 30분-3시30분) 공망시간			1 乙酉 10.26	2 丙戌	3 丁亥	4 戊子
5 己丑	6 庚寅 11.1	7 辛卯 대설	8 壬辰	9 癸巳	10 甲午	11 乙未
12 丙申	13 丁酉	14 戊戌	15 己亥	16 庚子	17 辛丑	18 壬寅
19 癸卯	20 甲辰 11.15	21 乙巳	22 丙午 동지	23 丁未	24 戊申	25 己酉 성탄절
26 庚戌	27 辛亥	28 壬子	29 癸丑	30 甲寅	31 乙卯 11.26	

충남대 환경공학과
(주)에너지.환경 CFD

2011년 1월

<table>
<tr><th>陽曆</th><td>1</td><td>2</td><td>3</td><td>4</td><td>5</td><td>6</td><td>7</td><td>8</td><td>9</td><td>10</td><td>11</td><td>12</td><td>13</td><td>14</td><td>15</td><td>16</td><td>17</td><td>18</td><td>19</td><td>20</td><td>21</td><td>22</td><td>23</td><td>24</td><td>25</td><td>26</td><td>27</td><td>28</td><td>29</td><td>30</td><td>31</td></tr>
<tr><th>陰曆</th><td>11.27</td><td>28</td><td>29</td><td>12.1</td><td>2</td><td>3</td><td>4</td><td>5</td><td>6</td><td>7</td><td>8</td><td>9</td><td>10</td><td>11</td><td>12</td><td>13</td><td>14</td><td>15</td><td>16</td><td>17</td><td>18</td><td>19</td><td>20</td><td>21</td><td>22</td><td>23</td><td>24</td><td>25</td><td>26</td><td>27</td><td>28</td></tr>
<tr><th>曜日</th><td>토</td><td>일</td><td>월</td><td>화</td><td>수</td><td>목</td><td>금</td><td>토</td><td>일</td><td>월</td><td>화</td><td>수</td><td>목</td><td>금</td><td>토</td><td>일</td><td>월</td><td>화</td><td>수</td><td>목</td><td>금</td><td>토</td><td>일</td><td>월</td><td>화</td><td>수</td><td>목</td><td>금</td><td>토</td><td>일</td><td>월</td></tr>
<tr><th>생활 기상 정보</th><td>신정</td><td></td><td colspan="5">온화한 중에 기습한파 가능성</td><td colspan="2">추운날씨</td><td></td><td></td><td></td><td></td><td></td><td></td><td></td><td></td><td></td><td></td><td>대한</td><td></td><td></td><td></td><td></td><td></td><td></td><td></td><td></td><td></td><td></td><td></td></tr>
<tr><th>1월 기상 특징</th><td colspan="31">1월의 하늘의 기운은 경인년이 지배한다. 그리고 지상은 1월 20일 이후에는 신묘년의 운기가 관장한다. 하늘의 건조한 기운이 토태과와 태음습토의 기운에 의하여 역시 감소한다. 그러므로 1월은 특히 건조한 기운이 감소되기에 한서의 변화가 아주 크지는 않을 것으로 보인다. 그러나 특히 1월 초순 신정연휴 이후에는 한서의 변화가 큰 일진의 영향으로 온화한 중에 기습한파나 추운날씨가 이어질 가능성이 있으므로 주의가 요구된다.</td></tr>
<tr><th>운기와 생활 건강</th><td colspan="31">1월까지는 경인년의 금태과의 기운이 영향을 미친다. 그러므로 음식을 맵게 먹고 겨울이므로 또한 검은콩, 두부, 젓갈과 같은 음식을 먹는 것이 필요하다. 가축의 경우에는 경인년(2010년)과 신묘년(2011년)에 강한 금기에 의하여 구제역이나 조류독감과 같은 질병이 우려가 되므로 쌀겨와 같은 금기가 강한 사료는 피하고 보리나 밀가루와 같은 목기의 곡식을 사료로 배합하는 것이 필요하다.</td></tr>
<tr><th>강수 확률 높은날</th><td colspan="31">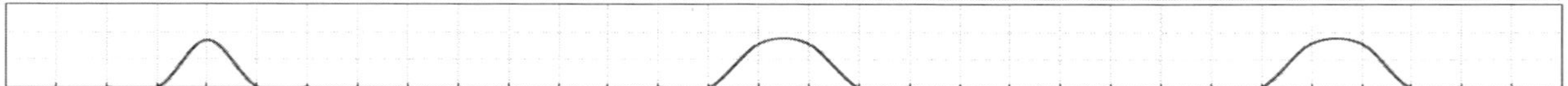</td></tr>
<tr><th>陽曆</th><td>1</td><td>2</td><td>3</td><td>4</td><td>5</td><td>6</td><td>7</td><td>8</td><td>9</td><td>10</td><td>11</td><td>12</td><td>13</td><td>14</td><td>15</td><td>16</td><td>17</td><td>18</td><td>19</td><td>20</td><td>21</td><td>22</td><td>23</td><td>24</td><td>25</td><td>26</td><td>27</td><td>28</td><td>29</td><td>30</td><td>31</td></tr>
<tr><th>일진</th><td>丙辰</td><td>丁巳</td><td>戊午</td><td>己未</td><td>庚申</td><td>辛酉</td><td>壬戌</td><td>癸亥</td><td>甲子</td><td>乙丑</td><td>丙寅</td><td>丁卯</td><td>戊辰</td><td>己巳</td><td>庚午</td><td>辛未</td><td>壬申</td><td>癸酉</td><td>甲戌</td><td>乙亥</td><td>丙子</td><td>丁丑</td><td>戊寅</td><td>己卯</td><td>庚辰</td><td>辛巳</td><td>壬午</td><td>癸未</td><td>甲申</td><td>乙酉</td><td>丙戌</td></tr>
<tr><th>구기성</th><td>八</td><td>七</td><td>六</td><td>五</td><td>四</td><td>三</td><td>二</td><td>一</td><td>一</td><td>二</td><td>三</td><td>四</td><td>五</td><td>六</td><td>七</td><td>八</td><td>九</td><td>一</td><td>二</td><td>三</td><td>四</td><td>五</td><td>六</td><td>七</td><td>八</td><td>九</td><td>一</td><td>二</td><td>三</td><td>四</td><td>五</td></tr>
<tr><th>길방 (吉方)</th><td>북</td><td>북</td><td>북</td><td>남동 북/서</td><td>남동</td><td>길방 없음</td><td>동</td><td>남동</td><td>서</td><td>북</td><td>남동 남/북</td><td>동북</td><td>남서</td><td>동</td><td>남동</td><td>동</td><td>북</td><td>북</td><td>북동</td><td>남서 동</td><td>북</td><td>남동 남서</td><td>남동</td><td>남동</td><td>동</td><td>북동 북</td><td>서</td><td>북</td><td>남</td><td>동북</td><td>북서 동/서</td></tr>
<tr><th>오운 육기</th><td colspan="19">토태과 궐음풍목</td><td colspan="12">토태과 태음습토</td></tr>
<tr><th>연운 및 월운</th><td colspan="5">경인년 무자월</td><td colspan="26">경인년 기축월</td></tr>
</table>

JANUARY 1 2011

SUNDAY	MONDAY	TUESDAY	WEDNESDAY	THURSDAY	FRIDAY	SATURDAY
* 공망 시간에는 중요 안건 토의 않는 것이 ceo의 지혜. 1월1일-8일 갑인순 : 자축시(23시 30분-3시30분) 공망시간 1월9일-18일 갑자순: 술해시(19시 30분-23시30분) 공망시간 1월19일-28일 갑술순, 신유시(15시30분-19시30분) 공망시간 1월29일-31일 갑신순 : 오미시(11시 30분-15시30분) 공망시간						1 丙辰 11.27 신정
2 丁巳	3 戊午	4 己未 12.1	5 庚申	6 辛酉 소한	7 壬戌	8 癸亥
9 甲子	10 乙丑	11 丙寅	12 丁卯	13 戊辰	14 己巳	15 庚午
16 辛未	17 壬申	18 癸酉 12.15	19 甲戌	20 乙亥 대한	21 丙子	22 丁丑
23 戊寅 乙酉 30	24 己卯 12.28 丙戌 31	25 庚辰	26 辛巳	27 壬午	28 癸未	29 甲申

(주)에너지.환경 CFD
충남대 환경공학과

2011년 2월

陽曆	1	2	3	4	5	6	7	8	9	10	11	12	13	14	15	16	17	18	19	20	21	22	23	24	25	26	27	28
陰曆	12.29	30	1.1	2	3	4	5	6	7	8	9	10	11	12	13	14	15	16	17	18	19	20	21	22	23	24	25	26
曜日	화	수	목	금	토	일	월	화	수	목	금	토	일	월	화	수	목	금	토	일	월	화	수	목	금	토	일	월
생활 기상 정보		설 연휴						따뜻한 날씨						추운날씨					우수	따뜻한 와중에 한파와 다량의 강수나 강설 가능성								
2월 기상 특징	2월은 본격적으로 신묘년 기운에 영향을 받기 시작하는 달이다. 신묘년의 대표적인 기운은 하늘은 수불급이고 지상은 양명조금이다. 1운1기는 수불급에 태음습토이고 따뜻해지기 시작하는 2월이다. 그러므로 태음습토로 수분을 많이 함유한 동토가 녹으면서 수증기 증발이 어느정도 이루어지나 하늘은 수불급으로서 이를 강력하게 냉각시켜 눈이나 비로 내리게 하는 힘이 약하다. 그러나 일진의 분포가 차고 더운 기운이 교차하고 있으므로 강력하지는 않으나 실질적으로 눈비도 제법 내리고 따뜻한 와중에 한파도 예상된다.																											
운기와 생활 건강	신묘년은 경인월(2월) 신묘월(3월)로 시작한다. 봄철에 경인월과 신묘월에는 특히 금극목의 현상이 두드러지게 나타날 가능성이 있으므로 이에 관계된 가축 등의 질병에 특히 유의를 하는 것이 필요하다. 질병이 우려되면 쌀겨 대신 밀이나 보리종류를 사료로 전환하는 것이 좋다																											
강수 확률 높은날																												
陽曆	1	2	3	4	5	6	7	8	9	10	11	12	13	14	15	16	17	18	19	20	21	22	23	24	25	26	27	28
일진	丁亥	戊子	己丑	庚寅	辛卯	壬辰	癸巳	甲午	乙未	丙申	丁酉	戊戌	己亥	庚子	辛丑	壬寅	癸卯	甲辰	乙巳	丙午	丁未	戊申	己酉	庚戌	辛亥	壬子	癸丑	甲寅
구기성	六	七	八	九	一	二	三	四	五	六	七	八	九	一	二	三	四	五	六	七	八	九	一	二	三	四	五	六
길방 (吉方)	동	북동	북	북서	남서	북	남	북	남동 남서	남동 동	남동	동	북서	북	북동	북서 남	남동 북 서	남서	동	남동	동	북서	서	북	남서	북	북서	동
오운 육기		수불급 태음습토(1운 1기)																										
연운 및 특징	기축월			신묘년 경인월																								

FEBRUARY 2 2011

SUNDAY	MONDAY	TUESDAY	WEDNESDAY	THURSDAY	FRIDAY	SATURDAY
		1 丁亥 12.29	2 戊子	3 己丑 1.1 구정	4 庚寅 입춘	5 辛卯
6 壬辰	7 癸巳	8 甲午	9 乙未	10 丙申	11 丁酉	12 戊戌
13 己亥	14 庚子	15 辛丑	16 壬寅	17 癸卯 1.15	18 甲辰	19 乙巳 우수
20 丙午	21 丁未	22 戊申	23 己酉	24 庚戌	25 辛亥	26 壬子
27 癸丑	28 甲寅 1.26					

* 공망 시간에 찾아오는 사람과 안건은 실속이 없음.

2월 1-7일 갑신순 : 오미시(11시 30분-15시30분) 공망시간
2월 8-17일 갑오순 : 진사시(7시 30분-11시30분) 공망시간
2월 18-27일 갑진순 : 인묘시(3시 30분-7시30분) 공망시간
2월 28일 갑인순 : 자축시(23시 30분-3시30분) 공망시간

(주)에너지.환경 CFD
충남대 환경공학과

2011년 3월

陽曆	1	2	3	4	5	6	7	8	9	10	11	12	13	14	15	16	17	18	19	20	21	22	23	24	25	26	27	28	29	30	31
陰曆	1.27	28	29	30	2.1	2	3	4	5	6	7	8	9	10	11	12	13	14	15	16	17	18	19	20	21	22	23	24	25	26	27
曜日	화	수	목	금	토	일	월	화	수	목	금	토	일	월	화	수	목	금	토	일	월	화	수	목	금	토	일	월	화	수	목
생활 기상 정보	삼일절	온화한중에 기상변화 가능성				경칩															춘분										
3월 기상 특징	수불급의 해에 수불급과 태음습토의 기운을 가진 1운1기가 도래하고 있으므로 한기가 많이 가신 따뜻한 봄날을 맞이한다. 특히 초순에 일진의 분포가 "병정사오미"로 매우 따뜻하다가 "임계해자축"으로 강력하게 찬기운이 도래하므로 기습한파나 포화성 강수나 강설 현상이 나타날 가능성이 높다. 초순을 지나고 나면 하순에는 수불급에 소양상화의 1운2기의 기운이 나타나므로 따뜻한 봄날이 이어질 것이다. 하늘이 수불급이므로 의외로 적은양의 강수현상이 있을 가능성이 높다.																														
운기와 생활 건강	신묘년은 신금이 병화의 기운을 이끌어 병신합수를 하고 신금이 음간이므로 수의 기운이 서서히 나타나는 수불급의 해이다. 수불급이라는 것은 찬냉기로 지칭되는 수기(水氣)가 적다는 것이고 이는 화기나 토기가 많다는 이야기이다. 그러므로 수불급의 해에는 고미나 감미의 곡식이나 과일과 야채가 작황이 좋다는 이야기이가 된다. 이러한 작물의 작황이 좋음은 인간은 신토불이에 의하여 이러한 음식을 먹어야 함을 의미하고 따라서 신년에는 심장병이나 위장병 등의 질병의 가능성이 높다는 것을 의미하기도 한다.																														
강수 확률 높은날	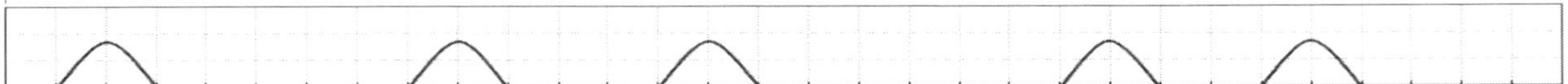																														
陽曆	1	2	3	4	5	6	7	8	9	10	11	12	13	14	15	16	17	18	19	20	21	22	23	24	25	26	27	28	29	30	31
일진	乙卯	丙辰	丁巳	戊午	己未	庚申	辛酉	壬戌	癸亥	甲子	乙丑	丙寅	丁卯	戊辰	己巳	庚午	辛未	壬申	癸酉	甲戌	乙亥	丙子	丁丑	戊寅	己卯	庚辰	辛巳	壬午	癸未	甲申	乙酉
구기성	七	八	九	一	二	三	四	五	六	七	八	九	一	二	三	四	五	六	七	八	九	一	二	三	四	五	六	七	八	九	一
길방 (吉方)	북	북서 남동	북서	남서	북	남	동	북서	동	남동	서	북동 서	남	북동	남서	북동	남서	북서 남동	북서 남동	남	북서	북동 남서	북	남동 남	북	동	북 동	북서 남동	서	북서	서
오운 육기	수불급 태음습토(1운 1기)																				수불급 소양상화(1운2기)										
연운 및 세운	신묘년 경인월					신묘년 신묘월																									

MARCH **3** 2011

SUNDAY	MONDAY	TUESDAY	WEDNESDAY	THURSDAY	FRIDAY	SATURDAY
		1 乙卯 1.27 삼일절	**2** 丙辰	**3** 丁巳	**4** 戊午	**5** 己未 2.1
6 庚申 경칩	**7** 辛酉	**8** 壬戌	**9** 癸亥	**10** 甲子	**11** 乙丑	**12** 丙寅
13 丁卯	**14** 戊辰	**15** 己巳	**16** 庚午	**17** 辛未	**18** 壬申	**19** 癸酉 2.15
20 甲戌	**21** 乙亥 춘분	**22** 丙子	**23** 丁丑	**24** 戊寅	**25** 己卯	**26** 庚辰
27 辛巳	**28** 壬午	**29** 癸未	**30** 甲申	**31** 乙酉 2.27		

*공망시간에는 가게가 문을 열지 않아 허탕침
3월1-9일 갑인순: 23시 30분-3시30분
3월10-19일 갑자순: 19시 30분-23시30분
3월20-29일 갑술순: 15시 30분-19시30분
3월30-31일 갑신순: 11시 30분-15시30분

(주)에너지.환경 CFD
충남대 환경공학과

2011년 4월

陽曆	1	2	3	4	5	6	7	8	9	10	11	12	13	14	15	16	17	18	19	20	21	22	23	24	25	26	27	28	29	30
陰曆	2.28	29	3.1	2	3	4	5	6	7	8	9	10	11	12	13	14	15	16	17	18	19	20	21	22	23	24	25	26	27	28
曜日	금	토	일	월	화	수	목	금	토	일	월	화	수	목	금	토	일	월	화	수	목	금	토	일	월	화	수	목	금	토
생활 기상 정보					식목일							온도가 높은 와중에 많은 강수 가능성								곡우		온도가 높은 와중에 많은 강수 가능성								
4월 기상 특징	목태과의 기운을 가진 2운2기의 절기가 봄철인 4월 나타나므로 신묘년의 우려하고 있는 황사현상이 본격적으로 나타날 가능성이 높다. 양명조금의 해에 소양상화의 기운이 4월에 나타나므로 지상은 쉽게 온도가 상승하고 수자원이 분포한 지역에서는 실질적인 수증기의 증발량이 이루어질 가능성이 높다. 그러나 하늘은 목태과이므로 중순까지는 강수현상이 약할 가능성이 있으나 중순이후에는 일진의 분포가 한서의 변화가 뚜렷하므로 포화성 또는 그 반대의 응결성 강수 현상이 나타날 것으로 판단된다.																													
운기와 생활 건강	봄에는 어느 해 봄이고 간이 약해진다. 그러므로 봄에는 운동이나 원행후에 눈이 침침하여지고 다리에 쥐가 잘나며 무좀이 심해진다. 그리고 근육이 약한 사람중에서 심장이 같이 약한 사람은 심근 경색의 가능성이 높아진다. 그러므로 봄에는 산미의 과일이나 비타민 씨 또는 밀가루 음식이나 팥빵 또는 새콤한 주스가 크게 도움이 된다. 평소의 섭생에서 신맛을 선호하는 사람은 간이 약한것이다.																													
강수 확률 높은날																														
陽曆	1	2	3	4	5	6	7	8	9	10	11	12	13	14	15	16	17	18	19	20	21	22	23	24	25	26	27	28	29	30
일진	丙戌	丁亥	戊子	己丑	庚寅	辛卯	壬辰	癸巳	甲午	乙未	丙申	丁酉	戊戌	己亥	庚子	辛丑	壬寅	癸卯	甲辰	乙巳	丙午	丁未	戊申	己酉	庚戌	辛亥	壬子	癸丑	甲寅	乙卯
구기성	二	三	四	五	六	七	八	九	一	二	三	四	五	六	七	八	九	一	二	三	四	五	六	七	八	九	一	二	三	四
길방 (吉方)	북동 남	남	북동	남동 서	동	북서 남동	북동	북서	서	북동	남서 북	동 북	남서	남	남동 북서	길방 없음	북서	북 남	북동	남서 남	북동 남서	남동 남서	동	북서 남동	남	북	서	북	남	남동 북/동
오운 육기		목태과 소양상화(2운 2기)																												
연운 및 특징	신묘년 신묘월				신묘년 임진월																									

APRIL 4 2011

SUNDAY	MONDAY	TUESDAY	WEDNESDAY	THURSDAY	FRIDAY	SATURDAY
*공망시간에는 사람과 일을 벌이지 말고 공부를 하는 시간 4월 1-8일 갑신순 : 오미시(11시 30분-15시30분) 공망시간 4월 9-18일 갑오순 : 진사시(7시 30분-11시30분) 공망시간 4월 19-28일 갑진순 : 인묘시(3시 30분-7시30분) 공망시간 4월 29-30일 갑인순 : 자축시(23시 30분-3시30분) 공망시간					1 丙戌 2.28	2 丁亥
3 戊子 3.1	4 己丑	5 庚寅 청명 식목일	6 辛卯 한식	7 壬辰	8 癸巳	9 甲午
10 乙未	11 丙申	12 丁酉	13 戊戌	14 己亥	15 庚子	16 辛丑
17 壬寅 3.15	18 癸卯	19 甲辰	20 乙巳 곡우	21 丙午	22 丁未	23 戊申
24 己酉	25 庚戌	26 辛亥	27 壬子	28 癸丑	29 甲寅	30 乙卯 3.28

(주)에너지.환경 CFD
충남대 환경공학과

2011년 5월

陽曆	1	2	3	4	5	6	7	8	9	10	11	12	13	14	15	16	17	18	19	20	21	22	23	24	25	26	27	28	29	30	31
陰曆	3.29	30	4.1	2	3	4	5	6	7	8	9	10	11	12	13	14	15	16	17	18	19	20	21	22	23	24	25	26	27	28	29
曜日	일	월	화	수	목	금	토	일	월	화	수	목	금	토	일	월	화	수	목	금	토	일	월	화	수	목	금	토	일	월	화
생활기상정보	온도가 높은중에 많은비 가능성				어린이날	입하				석가탄신일											소만										
5월 기상특징	5월은 운기가 2운2기의 목태과와 소양상화 그리고 2운3기의 목태과 양명조금으로 구성되어 있다. 수불급의 해에 황사의 빈도수가 높고 봄철에 하늘에 강풍이 부는 목태과와 지상에는 온도가 높거나 건조한 소양상화와 양명조금의 기운으로 구성되어 있으므로 황사가 나타날 가능성이 높다. 지상에서 발생하는 수증기의 양은 많지 않은데 하늘은 세운이 수불급이고 계절 운기가 목태과이므로 응결력이 약하다. 그러므로 규칙적인 강수는 가능성이 낮다. 단 초순에 일진의 한서교차가 강하므로 이때는 나름대로 실질적인 포화성 또는 응결성 강수가 기대된다.																														
운기와 생활 건강	황사현상이 심할 경우 마스크등을 착용하는 것이 일반적인 방법이다. 그러나 황사로부터 기관지를 보호하기 위하여서는 신미(辛味)의 생강차나 수정과 또는 계피차 등을 마시는 것이 도움이 될 것이다. 그러나 봄철에는 간이 피로하기 쉽고 근육경련이나 다리에 쥐가 잘나므로 매운맛의 음료수는 이를 악화 시킬 수 있으므로 매운 맛의 음식을 섭취할 때는 항상 신맛의 과일, 오렌지 쥬스, 비타민 C나 간장약을 같이 복용하는 지혜가 필요하다.																														
강수확률 높은날																															
陽曆	1	2	3	4	5	6	7	8	9	10	11	12	13	14	15	16	17	18	19	20	21	22	23	24	25	26	27	28	29	30	31
일진	丙辰	丁巳	戊午	己未	庚申	辛酉	壬戌	癸亥	甲子	乙丑	丙寅	丁卯	戊辰	己巳	庚午	辛未	壬申	癸酉	甲戌	乙亥	丙子	丁丑	戊寅	己卯	庚辰	辛巳	壬午	癸未	甲申	乙酉	丙戌
구기성	五	六	七	八	九	一	二	三	四	五	六	七	八	九	一	二	三	四	五	六	七	八	九	一	二	三	四	五	六	七	八
길방(吉方)	남서 동	동	북서 남동	북서 남/동	북서	남서 북/남	북동	남	북	남서	북서 남동	남동	북동	북동 북서 북/남	서	북동	남	북동 북/남	남서	동	남동	남	북동 북서	서	북동 남서	남	북	남동	동	북동	북서 서
오운육기	목태과 소양상화(2운2기)																				목태과 양명조금(2운3기)										
연운 및 특징	신묘년 임진월					신묘년 계사월																									

MAY 5 2011

SUNDAY	MONDAY	TUESDAY	WEDNESDAY	THURSDAY	FRIDAY	SATURDAY
1 丙辰 3.29	2 丁巳	3 戊午 4.1	4 己未	5 庚申 어린이날	6 辛酉 입하	7 壬戌
8 癸亥	9 甲子	10 乙丑 석가탄신일	11 丙寅	12 丁卯	13 戊辰	14 己巳
15 庚午	16 辛未	17 壬申 4.15	18 癸酉	19 甲戌	20 乙亥	21 丙子 소만
22 丁丑	23 戊寅	24 己卯	25 庚辰	26 辛巳	27 壬午	28 癸未
29 甲申	30 乙酉	31 丙戌 4.29				

* 공망시간 대화의 소재는 한가로운 신변잡사 정도로 국한

5월 1-8일 갑인순 : 자축시(23시 30분-3시30분) 공망시간

5월 9-18일 갑자순 : 술해시(19시 30분-23시30분) 공망시간

5월 19-28일 갑술순 : 신유시(15시 30분-19시30분) 공망시간

5월 29-31일 갑신순 : 오미시(11시 30분-15시30분) 공망시간

(주)에너지.환경 CFD
충남대 환경공학과

2011년 6월

陽曆	1	2	3	4	5	6	7	8	9	10	11	12	13	14	15	16	17	18	19	20	21	22	23	24	25	26	27	28	29	30
陰曆	4.30	5.1	2	3	4	5	6	7	8	9	10	11	12	13	14	15	16	17	18	19	20	21	22	23	24	25	26	27	28	29
曜日	수	목	금	토	일	월	화	수	목	금	토	일	월	화	수	목	금	토	일	월	화	수	목	금	토	일	월	화	수	목
생활 기상 정보						현충일									장마시작					더운중 호우가능성		하지								
6월 기상 특징	6월은 본격적으로 온도가 높아지고 따라서 장마가 시작하는 달이다. 6월의 하늘의 운기는 6월 9일부터 목태과에 화불급으로 바뀌므로 하늘에는 비로소 냉기에 의한 응결의 기운이 나타난다. 그리고 중순경부터 찬 기운을 가진 일진이 중첩되어 나타나므로 이 시기부터 본격적인 장마가 시작할 가능성이 높다. 만일 이때 장마가 시작되지 않는다면 25일 이후에 장마전선이 형성될 것이다. 그러나 일진의 기운이 한서가 분명하게 교차하므로 장마전이라도 호우성 강수현상이 나타날 것이다. 장마전선이 형성된다고 하더라도 지상이 양명조금으로 건조하기에 지역에 따라서는 많은 양의 강수현상이 나타나지 않을 가능성도 있다.																													
운기와 생활 건강	본격적으로 여름의 계절에 접어들므로 심장이 부담을 느끼기 시작한다. 이런 때는 쌉싸름한 고미(苦味)의 음료수, 초콜렛, 자장면, 익모초 등이 신체의 신진대사를 원활하게 하는 역할을 담당한다. 특히 신묘년에는 심장에 해당하는 화의 기운이 약하여지므로 이 경향이 심하여진다.																													
강수 확률 높은날	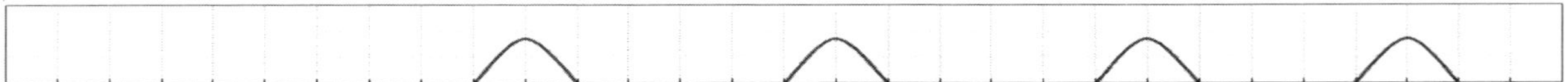																													
陽曆	1	2	3	4	5	6	7	8	9	10	11	12	13	14	15	16	17	18	19	20	21	22	23	24	25	26	27	28	29	30
일진	丁亥	戊子	己丑	庚寅	辛卯	壬辰	癸巳	甲午	乙未	丙申	丁酉	戊戌	己亥	庚子	辛丑	壬寅	癸卯	甲辰	乙巳	丙午	丁未	戊申	己酉	庚戌	辛亥	壬子	癸丑	甲寅	乙卯	丙辰
구기성	九	一	二	三	四	五	六	七	八	九	一	二	三	四	五	六	七	八	九	一	二	三	四	五	六	七	八	九	一	二
길방 (吉方)	북동 북서	남	남동 북	남	북서	남동	북서	남동	서	동 서	남	북동	남	서	남서	북서	북동	동	북동 북서/남	남서 북 동	북동 동	남	북	남서 남	북서	남동	북서 남동	북서	서	남
오운 육기	목태과 양명조금(2운3기)								화불급 양명조금(3운3기)																					
연운 및 특징	신묘년 계사월					신묘년 갑오월																								

JUNE **6** 2011

SUNDAY	MONDAY	TUESDAY	WEDNESDAY	THURSDAY	FRIDAY	SATURDAY
			1 丁亥 4.30	**2** 戊子 5.1	**3** 己丑	**4** 庚寅
5 辛卯	**6** 壬辰 망종 현충일	**7** 癸巳	**8** 甲午	**9** 乙未	**10** 丙申	**11** 丁酉
12 戊戌	**13** 己亥	**14** 庚子	**15** 辛丑	**16** 壬寅 5.15	**17** 癸卯	**18** 甲辰
19 乙巳	**20** 丙午	**21** 丁未	**22** 戊申 하지	**23** 己酉	**24** 庚戌	**25** 辛亥 5.15
26 壬子	**27** 癸丑	**28** 甲寅	**29** 乙卯	**30** 丙辰 5.29	*공망, 기다리지 마라. 상대방 오지 않음 6월1-7일 갑신순 : 11시 30분-15시30분 6월8-17일 갑오순 : 7시 30분-11시30분 6월18-27일 갑진순 : 3시 30분-7시30분 6월28-30일 갑인순 :23시 30분-3시30분	

충남대 환경공학과
(주)에너지.환경 CFD

2011년 7월

陽曆	1	2	3	4	5	6	7	8	9	10	11	12	13	14	15	16	17	18	19	20	21	22	23	24	25	26	27	28	29	30	31
陰曆	6.1	2	3	4	5	6	7	8	9	10	11	12	13	14	15	16	17	18	19	20	21	22	23	24	25	26	27	28	29	30	7.1
요일	금	토	일	월	화	수	목	금	토	일	월	화	수	목	금	토	일	월	화	수	목	금	토	일	월	화	수	목	금	토	일
생활 기상 정보	더운중 호우 가능성						소서										제헌절						대서								
7월 기상 특징	7월 역시 운기가 6월과 중순까지는 비슷하다. 즉 7월 22일까지는 화불급에 양명조금이다. 지상이 양명조금이므로 수자원이 풍부한 지역에서는 수증기의 방출량이 많아서 제대로 된 장맛비가 내릴 것이나 수자원이 부족한 지역에서는 그 반대의 현상이 나타날 수 있다. 7월 23일 이후에는 지상의 운기가 바뀌어 화불급에 태양한수(3운4기)가 도래한다. 장마가 끝나가는 시점에 찬 기운이 지상과 하늘에 나타나게 되므로 장마가 연장되어 긴 장마가 나타날 가능성이 있으며 지역적으로 냉해도 예상된다.																														
운기와 생활 건강	긴 장마가 예상되고 하늘과 지상의 운기가 차므로 7월에는 에너지 수요가 크게 증가하지 않을 것이 예상된다. 7월말 경에 피서를 계획하는 것은 바람직하지 않아 보인다. 무더운 장마철에는 집중력이 매우 약해진다. 이때는 홍삼이나 인삼 제품이나 식혜와 같은 감미(甘味)의 음료수나 음식이 집중력을 향상시켜주므로 정신적인 노동을 많이 하는 연구자나 수험생에게 필요하다.																														
강수 확률 높은날	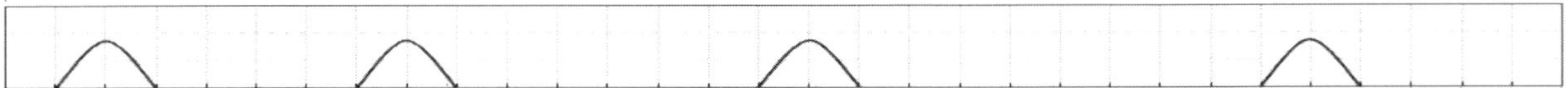																														
陽曆	1	2	3	4	5	6	7	8	9	10	11	12	13	14	15	16	17	18	19	20	21	22	23	24	25	26	27	28	29	30	31
일진	丁巳	戊午	己未	庚申	辛酉	壬戌	癸亥	甲子	乙丑	丙寅	丁卯	戊辰	己巳	庚午	辛未	壬申	癸酉	甲戌	乙亥	丙子	丁丑	戊寅	己卯	庚辰	辛巳	壬午	癸未	甲申	乙酉	丙戌	丁亥
구기성	三	四	五	六	七	八	九	九	八	七	六	五	四	三	二	一	九	八	七	六	五	四	三	二	一	九	八	七	六	五	四
길방 (吉方)	남	남	북서	북서	남서 북서	서	북서	동	남	북서 남/서	남/서	길방 없음	서	북동	서	남	남	남서 남	서 북	남	북서 북동	북서 서/북	북서	길방 없음	남서 남	동	북동 남서 서	북	남/서	남동 서/동	서
오운 육기	화불급 양명조금(3운3기)																						화불급 태양한수(3운4기)								
연운 및 특징	신묘년 갑오월						신묘년 을미월																								

JULY 7 2011

SUNDAY	MONDAY	TUESDAY	WEDNESDAY	THURSDAY	FRIDAY	SATURDAY
★ 공망시간에는 오는 전화는 전혀 도움이 안 되는 내용. 7월1-7일 갑인순 : 자축시(23시 30분-3시30분) 공망시간 7월8-17일 갑자순 : 술해시(19시 30분-23시30분) 공망시간 7월18-27일 갑술순 : 신유시(15시 30분-19시30분) 공망시간 7월28-31일 갑신순 : 오미시(11시 30분-15시30분) 공망시간					1 丁巳 6.1	2 戊午
3 己未	4 庚申	5 辛酉	6 壬戌	7 癸亥 소서	8 甲子	9 乙丑
10 丙寅	11 丁卯	12 戊辰	13 己巳	14 庚午	15 辛未 6.15	16 壬申
17 癸酉 제헌절	18 甲戌	19 乙亥	20 丙子	21 丁丑	22 戊寅	23 己卯 대서
24 庚辰 31 丁亥 7.1	25 辛巳	26 壬午	27 癸未	28 甲申	29 乙酉	30 丙戌

(주)에너지.환경 CFD
충남대 환경공학과

2011년 8월

陽曆	1	2	3	4	5	6	7	8	9	10	11	12	13	14	15	16	17	18	19	20	21	22	23	24	25	26	27	28	29	30	31
陰曆	7.2	3	4	5	6	7	8	9	10	11	12	13	14	15	16	17	18	19	20	21	22	23	24	25	26	27	28	29	8.1	2	3
曜日	월	화	수	목	금	토	일	월	화	수	목	금	토	일	월	화	수	목	금	토	일	월	화	수	목	금	토	일	월	화	수
생활 기상 정보								입추							광복절			태풍이나 열대성 저기압					처서						태풍,열대성 저기압		
8월 기상 특징	8월의 13일까지는 3운4기의 화불급과 태양한수의 기운이 지배하므로 이때까지는 장마가 이어질 가능성이 높다. 그러나 8월 14일 이후에는 4운4기로서 토태과의 기운이 도래한다. 그러므로 하늘에 찬 냉기는 약해진다. 그러므로 이때가 되면 장마의 기운이 사라질 것으로 판단한다. 그러나 일진이 한서의 교차가 강력하나 태양한수의 기운이 존재하여 열대야의 현상을 어느 정도 완화시켜줄 것으로 판단한다. 그리고 병정사오미 기운이 8월말에 나타남은 태풍이나 열대성 저기압에 의한 호우의 가능성이 있다.																														
운기와 생활 건강	열대야와 피서의 계절이다. 사람이 일사병 등이나 과도한 땀의 방출등과 같은 탈진현상에서 건강을 유지하기 위하여서는 심장을 강화하는 것이 매우 중요하다. 땀이 많고 명치가 아프며 심장통증이나 혈압에 문제가 있는 사람은 도라지환이나 익모초환과 같은 건강식품을 아침저녁으로 10~20알정도 상복하면 심장의 기능이 크게 강화된다. 단 과도한 복용은 손목이 아프거나 치질 등의 문제가 발생할 수 있다.																														
강수 확률 높은날																															
陽曆	1	2	3	4	5	6	7	8	9	10	11	12	13	14	15	16	17	18	19	20	21	22	23	24	25	26	27	28	29	30	31
일진	戊子	己丑	庚寅	辛卯	壬辰	癸巳	甲午	乙未	丙申	丁酉	戊戌	己亥	庚子	辛丑	壬寅	癸卯	甲辰	乙巳	丙午	丁未	戊申	己酉	庚戌	辛亥	壬子	癸丑	甲寅	乙卯	丙辰	丁巳	戊午
구기성	三	二	一	九	八	七	六	五	四	三	二	一	九	八	七	六	五	四	三	二	一	九	八	七	六	五	四	三	二	一	九
길방(吉方)	남서	서/북	남동	서 북동	남	북	남	북서 북동	서/북서	동 북서	동	북 남동	남	남서	북/남동	남/북서	북동	서	북서	서	남동	동	남	북동	남	남동	서	남동	북서 남동	남동	북동 남동
오운 육기	화불급 태양한수(3운4기)													토태과 태양한수(4운4기)																	
연운 및 특징	신묘년 을미월							신묘년 병신월																							

AUGUST 8 2011

SUNDAY	MONDAY	TUESDAY	WEDNESDAY	THURSDAY	FRIDAY	SATURDAY
	1 戊子 7.2	2 己丑	3 庚寅	4 辛卯	5 壬辰	6 癸巳
7 甲午	8 乙未 입추	9 丙申	10 丁酉	11 戊戌	12 己亥	13 庚子
14 辛丑 7.15	15 壬寅 광복절	16 癸卯	17 甲辰	18 乙巳	19 丙午	20 丁未
21 戊申	22 己酉	23 庚戌 처서	24 辛亥	25 壬子	26 癸丑 7.22	27 甲寅
28 乙卯	29 丙辰 8.1	30 丁巳	31 戊午 8.3			

* 공망시간에 주로 찾아오는 동료 승진, 출세 가능성이 희박함.

8월 1-6일 갑신순 : 오미시(11시 30분-15시30분) 공망시간
8월 7-16일 갑오순 : 진사시(7시 30분-11시30분) 공망시간
8월 17-26일 갑진순 : 인묘시(3시 30분-7시30분) 공망시간
8월 27-31일 갑인순 : 자축시(23시 30분-3시30분) 공망시간

(주)에너지.환경 CFD
충남대 환경공학과

2011년 9월

陽曆	1	2	3	4	5	6	7	8	9	10	11	12	13	14	15	16	17	18	19	20	21	22	23	24	25	26	27	28	29	30
陰曆	8.4	5	6	7	8	9	10	11	12	13	14	15	16	17	18	19	20	21	22	23	24	25	26	27	28	29	9.1	2	3	4
曜日	목	금	토	일	월	화	수	목	금	토	일	월	화	수	목	금	토	일	월	화	수	목	금	토	일	월	화	수	목	금
생활 기상 정보				많은 비 가능성				백로			추석 연휴												추분							
9월 기상 특징	처서를 지나 천지에 습기가 감소하는 9월에 4운4기의 토태과와 태양한수의 기운과 4운5기의 토태과와 궐음풍목의 기운이 지배한다. 그러므로 수증기의 증발은 적어지나 하늘에 찬 기운이 적다 그러므로 9월은 맑은 하늘을 보일 것이나 토태과이므로 아주 맑지는 않을 것이다. 9월초에 일진의 한서분포가 분명하므로 포화성 강수현상이나 응결성 강수현상이 나타날 가능성이 높다.																													
운기와 생활 건강	가을에는 금기가 지배한다. 그러므로 가을에는 벼와같이 매운맛의 금기가 익어가나 인간은 폐대장이 약하여진다. 그러므로 찬바람이 돌기 시작하면 쓴맛의 녹차나 커피를 줄이고 생강차나 수정과를 하루에 한 두잔씩 상복하는 것이 건강의 지혜이다.																													
강수 확률 높은날																														
陽曆	1	2	3	4	5	6	7	8	9	10	11	12	13	14	15	16	17	18	19	20	21	22	23	24	25	26	27	28	29	30
일진	己未	庚申	辛酉	壬戌	癸亥	甲子	乙丑	丙寅	丁卯	戊辰	己巳	庚午	辛未	壬申	癸酉	甲戌	乙亥	丙子	丁丑	戊寅	己卯	庚辰	辛巳	壬午	癸未	甲申	乙酉	丙戌	丁亥	戊子
구기성	八	七	六	五	四	三	二	一	九	八	七	六	五	四	三	二	一	九	八	七	六	五	四	三	二	一	九	八	七	六
길방 (吉方)	남	북	서	남동	서	북서	동	남서 동	북/ 동	남서	북동	남서	북동	북서 북	북서 남동	동	남서 남동 남	남서 북동	남서 남	북서 북	남	남동	남	북서 남동	동	남동	북/ 동	북동 남서 북	북	남서
오운 육기	토태과 태양한수(4운4기)																						토태과 궐음풍목(4운5기)							
연운 및 특징	신묘년 병신월							신묘년 정유월																						

SEPTEMBER 9 2011

* 공망시간에 면접보면 불합격 가능성이 매우 높다.

9월 1-5일 갑인순 : 자축시(23시 30분-3시30분) 공망시간
9월 6-15일 갑자순 : 술해시(19시 30분-23시30분) 공망시간
9월 16-25일 갑술순 : 신유시(15시 30분-19시30분) 공망시간
9월 26-30일 갑신순 : 오미시(11시 30분-15시30분) 공망시간

SUNDAY	MONDAY	TUESDAY	WEDNESDAY	THURSDAY	FRIDAY	SATURDAY
				1 己未 8.4	2 庚申	3 辛酉
4 壬戌	5 癸亥	6 甲子	7 乙丑	8 丙寅 백로	9 丁卯	10 戊辰
11 己巳	12 庚午 8.15 추석	13 辛未	14 壬申	15 癸酉	16 甲戌	17 乙亥
18 丙子	19 丁丑	20 戊寅	21 己卯	22 庚辰	23 辛巳 추분	24 壬午
25 癸未	26 甲申	27 乙酉 9.1	28 丙戌	29 丁亥	30 戊子 9.4	

(주)에너지.환경 CFD
충남대 환경공학과

2011년 10월

陽曆	1	2	3	4	5	6	7	8	9	10	11	12	13	14	15	16	17	18	19	20	21	22	23	24	25	26	27	28	29	30	31
陰曆	9.5	6	7	8	9	10	11	12	13	14	15	16	17	18	19	20	21	22	23	24	25	26	27	28	29	30	10.1	2	3	4	5
曜日	토	일	월	화	수	목	금	토	일	월	화	수	목	금	토	일	월	화	수	목	금	토	일	월	화	수	목	금	토	일	월
생활 기상 정보			개천절						한로									온화한 중에 찬바람 가능성							쓸쓸한 날씨					따뜻한 와중에 찬바람	
10월 기상 특징	10월의 운기는 4운5기로서 토태과와 궐음풍목이 지배한다. 토태과 궐음풍목은 한서의 기운이 명확하지 않은 기운이다. 2011년 신묘년은 수불급에 양명조금의 해인데 가을철의 이러한 오운육기의 도래는 가을철의 건조한 기운이 분명하게 나타나지 않을 것으로 판단된다. 그러므로 단풍이 비교적 늦을 것으로 예상되나 약간 온도가 높은 가을철이 지속될 것으로 보인다. 그러나 10월의 중순이후 일진분포가 한서차가 명확하므로 의외의 찬바람이 불 가능성도 상존한다.																														
운기와 생활 건강	가을철에는 감기를 비롯하여 폐렴, 손목, 피부, 항문, 비염, 축농증, 장에서 나는 꼬르락 소리 등이 모두 금기의 약화에서 나오는 증상이다. 특히 감기나 비염, 콧물 또는 기침 등으로 수험생이 문제가 있을 때는 매운맛이 나는 음식과 함께 마스크를 두장 정도로 두껍게 하여 착용하면 기관지가 따듯해지기 때문에 초기의 콧물이나 기침은 쉽게 멈춘다. 마스크가 없을 경우 손수건을 가지고 2-3분정도 입과 코를 동시에 막고 있어도 효과가 좋다																														
강수 확률 높은날																															
陽曆	1	2	3	4	5	6	7	8	9	10	11	12	13	14	15	16	17	18	19	20	21	22	23	24	25	26	27	28	29	30	31
일진	己丑	庚寅	辛卯	壬辰	癸巳	甲午	乙未	丙申	丁酉	戊戌	己亥	庚子	辛丑	壬寅	癸卯	甲辰	乙巳	丙午	丁未	戊申	己酉	庚戌	辛亥	壬子	癸丑	甲寅	乙卯	丙辰	丁巳	戊午	己未
구기성	五	四	三	二	一	九	八	七	六	五	四	三	二	一	九	八	七	六	五	四	三	二	一	九	八	七	六	五	四	三	二
길방 (吉方)	북서 동	서	북서 남동	남서	남동	동	남서	북동 남	남/서	북동	북	북서 남동	길방 없음	남동	남/북 북서 북동	남서	북동 북	남서 북동	북서 북동	서	북서 남동	북	남	동	남	북	북서 남/서	북동 서	서	북서 남동	북
오운 육기	토태과 궐음풍목(4운 5기)																														
연운 및 특징	신묘년 정유월								신묘년 무술월																						

OCTOBER 10 2011

SUNDAY	MONDAY	TUESDAY	WEDNESDAY	THURSDAY	FRIDAY	SATURDAY
*공망시간에 밖에 나가면 물건 매진이고 택시 잡지 못함. 10월 1-5일 갑신순 : 오미시(11시 30분-15시30분) 공망시간 10월 6-15일 갑오순 : 진사시(7시 30분-11시30분) 공망시간 10월 16-25일 갑진순 : 인묘시(3시 30분-7시30분) 공망시간 10월 26-31일 갑인순 : 자축시(23시 30분-3시30분) 공망시간						**1** 己丑 9.5
2 庚寅	**3** 辛卯 개 천 절	**4** 壬辰	**5** 癸巳	**6** 甲午	**7** 乙未	**8** 丙申
9 댱盪 뭶읡	**10** 戊戌	**11** 己亥 9.15	**12** 庚子	**13** 辛丑	**14** 壬寅	**15** 癸卯
16 甲辰	**17** 뎲쌔	**18** 丙午	**19** 댱챈	**20** 윪肌	**21** 己酉	**22** 썽윮
23 辛亥 **30** 戊午	**24** 壬子 상강 **31** 己未 10.5	**25** 癸丑	**26** 穖삭	**27** 乙卯 10.1	**28** 丙辰	**29** 丁巳

(주)에너지.환경 CFD
충남대 환경공학과

2011년 11월

陽曆	1	2	3	4	5	6	7	8	9	10	11	12	13	14	15	16	17	18	19	20	21	22	23	24	25	26	27	28	29	30
陰曆	10.6	7	8	9	10	11	12	13	14	15	16	17	18	19	20	21	22	23	24	25	26	27	28	29	11.1	2	3	4	5	6
曜日	화	수	목	금	토	일	월	화	수	목	금	토	일	월	화	수	목	금	토	일	월	화	수	목	금	토	일	월	화	수
생활 기상 정보				추운 날씨				입동															소설							
11월 기상 특징	11월은 4운5기. 5운5기 그리고 5운6기의 기운이 상존하여 복잡하게 얽혀있는 달이다. 그러나 4운 5기의 토태과 궐음풍목의 기운은 5운 5기의 금불급 궐음풍목과 큰 차이가 없다. 그리고 마지막 운기인 5운6기의 기운이 금불급 소운군화의 기운으로 나타난다. 결국 2011년 후반기 겨울은 하늘과 지상에 모두 온도가 높은 쪽으로 나타난다. 그러나 일진의 분포가 한서의 균형을 이루고 있어서 따듯한 와중에 강력한 기습한파가 나타날 가능성은 약해보인다.																													
운기와 생활 건강	11월은 해월이다. 우리가 생활기상의 관점에서는 11월은 아직 늦가을로 생각을 하나 11월은 해월이고 절기로 입동과 소설이 있어 겨울이다. 겨울에는 신장과 방광의 기운이 약해지는 계절이다. 그러므로 긴긴밤 뼈가 쑤시기 시작하고 감기 몸살에도 삭신감기가 많이 일어난다. 이런 계절에는 검은콩. 다시마, 김 등과 같은 해조류가 크게 도움이 된다. 안압이 높은 사람이나 신허 요통의 경우도 유사하게 대처한다.																													
강수 확률 높은날																														
陽曆	1	2	3	4	5	6	7	8	9	10	11	12	13	14	15	16	17	18	19	20	21	22	23	24	25	26	27	28	29	30
일진	庚申	辛酉	壬戌	癸亥	甲子	乙丑	丙寅	丁卯	戊辰	己巳	庚午	辛未	壬申	癸酉	甲戌	乙亥	丙子	丁丑	戊寅	己卯	庚辰	辛巳	壬午	癸未	甲申	乙酉	丙戌	丁亥	戊子	己丑
구기성	一	九	八	七	六	五	四	三	二	一	九	八	七	六	五	四	三	二	一	九	八	七	六	五	四	三	二	一	九	八
길방 (吉方)	남동	남/북	남서 북동	북	남	북동	북서 남동	북서	남서	남/북 북서	남/동	남서	북	남/북	북서 북동	서	북서	길방 없음	북서	동	서 남서 북동	북	남	북동	서	남동	동 남동	남서 남동	북	남 북서
오운 육기	토태과 궐음풍목(4운5기)																금불급 궐음풍목(5운5기)						금불급 소음군화(5운6기)							
연운 및 특징	신묘년 무술월							신묘년 기해월																						

NOVEMBER 11 2011

SUNDAY	MONDAY	TUESDAY	WEDNESDAY	THURSDAY	FRIDAY	SATURDAY
		1 庚申 10.6	2 辛酉	3 壬戌	4 癸亥	5 甲子
6 乙丑	7 丙寅	8 丁卯 입동	9 戊辰	10 己巳 10.15	11 庚午	12 辛未
13 壬申	14 癸酉	15 甲戌	16 乙亥	17 丙子	18 丁丑	19 戊寅
20 己卯	21 庚辰	22 辛巳	23 壬午 소설	24 癸未	25 甲申 11.1	26 乙酉
27 丙戌	28 丁亥	29 戊子	30 己丑 11.6			

* 공망은 내가 한 노력에 반응과 대가가 없는 시간.

11월1-4일 갑인순 : 자축시(23시 30분-3시30분) 공망시간

11월5-14일 갑자순 : 술해시(19시 30분-23시30분) 공망시간

11월15-24일 갑술순 : 신유시(15시 30분-19시30분) 공망시간

11월25-30일 갑신순 : 오미시(11시 30분-15시30분) 공망시간

(주)에너지.환경 CFD
충남대 환경공학과

2011년 12월

陽曆	1	2	3	4	5	6	7	8	9	10	11	12	13	14	15	16	17	18	19	20	21	22	23	24	25	26	27	28	29	30	31
陰曆	11.7	8	9	10	11	12	13	14	15	16	17	18	19	20	21	22	23	24	25	26	27	28	29	30	12.1	2	3	4	5	6	7
曜日	목	금	토	일	월	화	수	목	금	토	일	월	화	수	목	금	토	일	월	화	수	목	금	토	일	월	화	수	목	금	토
생활 기상 정보							대설									온화한 중에 한파						동지			성탄절				온화한중에 한파		
12월 기상 특징	12월 금불급에 소음군화가 5운 6기로 지배한다. 가을철부터 온도가 낮지 않았고 특히 12월에는 소음군화가 지상을 지배한다. 그리고 12월 중순 이후부터 일진이 한서의 차가 강력하므로 서해안 등에 폭설의 가능성이 있으므로 주의가 요구된다.																														
운기와 생활 건강	겨울은 인내를 요구하는 계절이다. 인내는 신장방광에서 나오는 힘으로서 과도한 인내를 요구하는 삶은 신장과 방광의 기운을 크게 훼손한다. 그래서 인내를 요구하는 삶에는 오상의 하나로서 지혜로움이 인내의 동반자 덕목으로 자리 잡는다. 즉 겨울철에는 인내의 삶을 유지하고 봄을 보기 위해서는 함미(鹹味)의 검은 콩과 죽염 같은 음식의 섭생과 함께 지혜라는 덕목을 함양하여야 하는 계절이다.																														
강수 확률 높은날																															
陽曆	1	2	3	4	5	6	7	8	9	10	11	12	13	14	15	16	17	18	19	20	21	22	23	24	25	26	27	28	29	30	31
일진	庚寅	辛卯	壬辰	癸巳	甲午	乙未	丙申	丁酉	戊戌	己亥	庚子	辛丑	壬寅	癸卯	甲辰	乙巳	丙午	丁未	戊申	己酉	庚戌	辛亥	壬子	癸丑	甲寅	乙卯	丙辰	丁巳	戊午	己未	庚申
구기성	七	六	五	四	三	二	一	九	八	七	六	五	四	三	二	一	九	八	七	六	五	四	三	二	一	九	八	七	六	五	四
길방 (吉方)	북	남동	북서	남동	북서	동	동	북/동	남서	북	동	북동	남동	남서	길방 없음	북 남서 남동	동	서 남서	북	남	북동	남동	북서	북서	남동	북/동	북	북	북	서/북 남동	남동
오운 육기	금불급 소음군화(5운 6기)																														
연운 및 특징	신묘년 기해월						신묘년 경자월																								

DECEMBER 12 2011

SUNDAY	MONDAY	TUESDAY	WEDNESDAY	THURSDAY	FRIDAY	SATURDAY
* 공망시간: 중요서류나 과제물은 공망시간 이외 시간에 제출. 12월 1-4일 갑신순 : 오미시(11시 30분-15시30분) 공망시간 12월 5-14일 갑오순 : 진사시(7시 30분-11시30분) 공망시간 12월 15-24일 갑진순 : 인묘시(3시 30분-7시30분) 공망시간 12월 25-31일 갑인순 : 자축시(23시 30분-3시30분) 공망시간				1 庚寅 11.7	2 辛卯	3 壬辰
4 癸巳	5 甲午	6 乙未	7 丙申 대설	8 丁酉	9 戊戌 11.15	10 己亥
11 庚子	12 辛丑	13 壬寅	14 癸卯	15 甲辰	16 乙巳	17 丙午
18 丁未	19 戊申	20 己酉	21 庚戌	22 辛亥 동지	23 壬子	24 癸丑
25 甲寅 12.1 성탄절	26 乙卯	27 丙辰	28 丁巳	29 戊午	30 己未	31 庚申 12.7

(주)에너지.환경 CFD
충남대 환경공학과

기상백서 氣象白書

부록 2

언론매체에 소개된 기상달력정보

1. 충남대 장동순교수, 道에 제공한 '동서양 기상예보' 적중 화제
2003년 동아일보 기사(2003년 12월 25일)

2. 週刊朝鮮 사람들(2007년) 14년째 기상달력 낸 충남대 장동순 교수
2007년 주간조선 "사람들" 기사

3. 기상달력 만드는 공학교수
2009년 8월 연합뉴스

4. "가을 춥다"..기상달력 제작 충남대교수 예측
2010년 8월 31일 연합뉴스

| 부록 2 |

언론매체에 소개된 기상달력정보

1. 충남대 장동순교수, 道에 제공한 '동서양 기상예보' 적중 화제

| 동아일보 기사입력 2003-12-25 18:04 | 최종수정 2003-12-25 18:04

공학 교수가 동양사상에 기초해 2년째 지방자치단체에 기상과 생활환경 등을 담은 '생활 기상' 예보를 제공하고 있는데다 이 예보가 올해의 경우는 대체로 적중해 화제다.

충남대 환경공학과 장동순(張同淳 · 51) 교수는 25일 충남도에 '동서양의 기상이론을 접목시킨 2004년 갑신년 생활기상 달력' 을 제출했다. 그는 충남도 정책자문교수이기도 하다.

장 교수는 이 자료에서 새해에는 홍수나 태풍 피해는 크지 않으나 봄철 안개와 한발, 가을철 산불, 냉해가 심할 것으로 예측했다. 장마는 6월 말경 시작돼 7월 21일경 끝날 것으로 내다봤다. 그는 올해(계미년)에 심했던 심장질환은 감소하는 반면 위장병 환자가 늘어날 것으로 관측했다. 또 농축산 분야에서는 참외 호박 고구마 재배나 소 사육은 좋을 것이지만 콩과 깨 재배나 양돈은 다소 부진하며 벼농사는 평년작일 것으로 전망했다. 인간 심리변화와 관련, 올해는 방화나 투신 등이 많았지만 내년에는 칼이나 쇠붙이 같은 흉기와 관련된 범죄가 늘어날 것이라고 주장했다.

장 교수는 충남도의 자문으로 올해 초 계미년에 대해 조언한 데 이어

이번에 두 번째로 생활기상을 예보했다. 그는 올해 초 2002년에 극심했던 황사와 한발 등은 없을 것이나 봄부터 초가을까지 비가 '지긋지긋하고 지속적으로' 내리고 가을철에는 건조하기는 하나 산불이 없을 것이라고 예측했다. 그의 예측은 실제 상황과 맞아떨어졌다. 하지만 장 교수는 태풍 '매미'의 강타에도 불구하고 태풍 경계보를 내지 못했다.

장 교수는 10년 전부터 동양사상에 매료돼 60갑자(甲子)와 운기(運氣)의 순환법칙을 토대로 한 '절기(節氣) 이론'을 과학적으로 해석하고 일반화해 기상 분야에 적용하는 작업을 하고 있다. 장 교수는 "서양식 예측법으로는 1주일 이상 장기 기상을 내다보기 어려워 실제 2, 3일마다 예측을 번복하는 실정"이라며 "절기이론을 접목하면 훨씬 장기적이고 포괄적이며 정확한 기상 예측이 가능할 것"이라고 말했다.

그는 "현재 기상 규정상 개인은 예보를 할 수 없으며 충남도에 대한 기상예보는 정책자문 차원일 뿐"이라고 덧붙였다. 장 교수는 충남대 이공계 교양과목 교재로 쓰이고 있는 '동양사상과 서양과학의 접목과 응용' 등 많은 관련 서적을 저술했다.

대전=지명훈기자 mhjee

2. 週刊朝鮮 사람들(2007년)
4년째 기상달력 낸 충남대 장동순 교수

동양학에 입각해 우리나라 1년치 날씨 정보 전해줘

공학자이지만 동서양 학문 접목 시도하며 책도 내…

"미국의 기상도 분석해 볼 계획"

"안녕하세요, 교수님. 저는 광양에서 농사를 짓는 농부입니다. 작년 교수님의 기상달력을 구입해서 보았더니 2006년에는 밤, 콩류 등의 작물이 잘 되고 감 등의 과실은 작황이 좋지 않다고 하셨습니다. 그래서 저는 콩을 주류로 해서 서리태, 검정콩을 심어 수확량이 좋았습니다. 올해 정해년에도 어느 부분의 농산물 재배가 합당한지 설명해 주시면 농사짓는 데 많은 참고가 될 것입니다. 답변 기다리겠습니다."

이 글은 지난 1월 2일 충남대 환경공학과 장동순(張同淳 · 55) 교수의 홈페이지(enecfd.com.ne.kr) '질의응답' 란에 올라온 것이다. 이곳에는 학생과 일반인의 문의가 끊이지 않는다. 질문 분야도 날씨, 건강 등 다양하다. 장 교수가 만든 달력은 이처럼 소비자의 반응이 뜨겁다. 그냥 요일만 표시해놓은 보통 달력과 달리 이 달력은 날씨까지 표시해서 농사와 축산, 건강, 취미 등 일상생활에 도움이 되기 때문이다.

▲ 기상예측 달력을 만든 장동순 충남대 교수.

장동순 교수는 2003년 11월에 2004년도 달력을 만든 것을 계기로 4년째 '기상예측 달력'을 만들어오고 있다. 탁상용 달력으로 제작된 이 달력에는 특정한 날의 강우나 강설, 태풍 등에 대한 기상정보와 눈 · 비 올 확률이 높은 날, 기상의 특징, 산불과 화재 가능성이 큰 날 등 날씨의 변화를 예측, 기록해놨다.

또 간질환, 근육경련, 호흡기 질환, 피부병 등 각종 질환이 생길 가능성이 높은 날과 조류독감, 한발, 황사, 폭우 등 농사에 도움을 줄 수 있는 날씨도 예측하고 있다. 그가 날씨를 100% 맞히는 것은 물론 아니다. 하지만 적중률이 높은 편이고 해마다 적중률이 높아지고 있어서 세간의 관심이 쏠리고 있다. 일례로 그는 지난해 7월 15~17일과 7월 27~29일의 집중호우를 예언했다. 그러나 7월 11일의 집중호우는 예측하지 못했다.

▲ 장동순 교수가 만든 2007 기상예측 달력.

날씨를 예측한다는 것은 서양의 첨단 과학을 동원해도 쉽지 않다. 그런데도 장 교수는 1년치 날씨를 예측하고 있고 적중률도 높은 편이다. 어떻게 이런 일이 가능할까? 그는 "동양의 전통 절기 이론인 '오운육기(五運六氣) 이론'이 바탕이 됐다"고 말했다. 5운은 목(木)·화(火)·토(土)·금(金)·수(水)를, 6기는 풍(風)·화(火)·서(暑)·습(濕)·조(燥)·한(寒)을 말한다. 5운은 오행(五行)의 다른 이름으로서 하늘의 기운을 의미하며, 6기는 지상의 기운으로서 직접적으로 기상현상을 나타낸다.

그는 한 해 날씨를 예측할 때 복잡한 작업을 거친다. 먼저 그 해의 대표적인 기상 성격부터 규정한다. 예를 들면 정해년의 기상 특징은 하늘의 온도는 높고 지상의 온도는 낮다는 것이다. 그런 후 계절별로 오운육기를 산출하고 나서 지형학적인 영향과 일진 분포까지 감안해 1년 365일의 구체적인 기상 현상을 예측한다. 여기에 최근 수년간의 지구온난화 현상까지 감안해 결론을 내린다. 그는 "이 달력은 지형적으로는 경기 및 충청권의 기상을 대표적으로 나타내며 여타 지역은 참고용으로 사용하기 바란다"고 말했다. 이쯤되면 그가 동양학을 전공했을 거라는 생각이 들 것이다. 그러나 그는 서양의 자연과학을 공부한 정통 제도권 학자다. 그의 이력을 보자. 서울대 원자핵공학과를 나와 미국 루이지애나 주립대에서 기계공학 석사 및 박사 학위를 받았고 1990년부터 충남대 교수로 재직 중이다. 전공은 소각로, 보일러, 탈수기, 건조기, 침전조 등 환경기계장치 열유체(熱流體) 전산 고도 설계라는, 지극히 공학적이고 어려운 분야다.

그가 동양학에 심취하게 된 것은 그만한 까닭이 있다. 1992년의 일이다. 당시 그는 몸이 안 좋았다. 외국에서 고학을 하면서 공부를 너무 열심히 한 탓에 중풍을 앓고 있었던 것. 그는 단학 수련을 소재로 한 책 '선도체험기' 를 읽고 이 책에 언급된 고(故) 김춘식 오행생식 중앙연수원 원장을 찾아갔다. 김춘식씨는 오행생식의 창시자다. 서울 신림동에서 장 교수를 만난 김 원장은 대뜸 "무릎이 아프고 혀가 돌아가죠. 속 쓰리지. 중풍 맞게 생겼네" 라고 말해서 장 교수를 경악케 했다. 실제로 그러했던 것이다. 김 원장은 단맛이 강한 기장쌀과 단 음식을 먹으라는 처방을 내려줬고 장 교수는 실천에 옮겼다. 장 교수는 "석 달 지나서부터 단기적으로 효과가 나타나더니 3년 후에는 완전히 병이 나았다" 고 말했다.

장 교수는 이 사건을 계기로 동양학에 대한 인식을 새로이 하게 된다. "전통 학문에 내가 모르는 뭔가가 있구나 싶었어요. 서양과학이 정교하지만 뭔가 놓치고 있구나 하는 생각이 들었습니다."

이때부터 동양학의 대가들을 찾아다니면서 공부를 시작했다. 2년 동안 방학 때마다 새벽 4시에 일어나서 김춘식 원장을 찾아가 동양의학과 오행생식요법을 배웠다. 또 풍수지리와 주역의 대가 장태상 공주대 교수, 운기론(運氣論)의 권위자 하도훈 육주학당 원장, 육임(六壬 · 질문시간이나 사건 발생시간을 기준으로 길흉의 결과를 예측하는 술법)의 제일인자 고복자 육임학회 총재 등 쟁쟁한 인물에게 사사했다. 그는 "공부를 하면서 동양학이 미신이 아니라 차세대 학문이라는 확신이 들었다" 고 말했다.

그는 이들 대가로부터 배우면서 가르침을 맹종하지는 않고 버릴 건 버리고 취할 건 취했다. 그 자신이 이미 학자였기 때문에 가능한 일이었다. 또 동양학을 서양 학문과 접목시키는 데 주력했다. 이 또한 그가 서양의 공학을 먼저 배운 후 동양학을 공부했기 때문에 가능한 일이었다.

성과는 컸다. 그는 동양학과 서양 학문을 접목시킨 다수의 저서를 냈다. '체질을 알아야 기 펴고 산다' , '음양오행으로 풀어본 건강상식 100가지' ,

'동양사상과 서양과학의 접목과 응용', '기와 21세기', '100년의 기상예측' 등이 그것. 동서양에 두루 통한 그가 아니면 어려운 지적 산물이었다.

그러나 그는 동양학을 공부한 이후 외로움을 많이 느껴왔다. 말이 통하는 사람이 드물기 때문이다. 서양 학문을 공부한 제도권 학자들은 그가 외도를 하고 있다고 비난하는 편이다. 그나마 그가 한국의 대표적인 대학을 나왔고 미국에서 석·박사 학위를 취득한 후 한국에서 국립대학 교수를 하고 있는 덕분에 사이비 소리는 안 듣는 게 다행이랄까.

그는 "우리 사회의 지적 사대주의가 문제"라고 지적했다. 알베르트 아인슈타인, 칼 융 등이 높이 평가하는 동양학을 정작 우리는 비과학적이라고 여기고 있다는 것. 그는 "서양의 위대한 학자가 동양학을 높이 평가한 사례를 들어 동양정신의 위대성을 역설해야 하는 게 작금의 현실"이라고 개탄했다. 그는 "동양과 서양의 학문을 접목해야 인류의 학문이 한 단계 도약할 수 있다"며 "그러기 위해서는 동양의 학문이 체계적 지식을 복원한 후 서양 학문과 융합을 기해야 한다"고 주장했다.

그는 '15년 내공'을 바탕으로 동양학에서 관심 분야를 넓히고 있다. 요즘은 풍수에 대한 책을 집필 중이다. 나라의 큰일을 예측하는 술법인 태을(太乙)도 본격적으로 공부할 생각이다. 동양학의 세계화도 추진할 계획이다. 그는 "워싱턴, LA 같은 곳의 기상을 분석해서 미국에 수출할 생각"이라고 말했다.

박영철 주간조선 차장대우 ycpark@chosun.com

3. 기상달력 만드는 공학교수

| 기사입력 2009-08-01 10:00 | 최종수정 2009-08-01 11:12

6년째 기상예측달력 만드는 장동순 교수 (청주=연합뉴스)

충남대학교 환경공학과 장동순(57) 교수는 2004년부터 동양의 절기 이론을 이용, 1년치 날씨를 예측한 달력을 펴내고 있다. (청주=연합뉴스) 고현실 기자 = 공학교수가 전통적인 동양 사상을 바탕으로 만든 기상예측 달력이 올해 높은 적중률을 보이고 있어 눈길을 끌고 있다.

충남대학교 환경공학과 장동순(57) 교수는 2004년부터 동양의 절기 이론을 이용, 1년치 날씨를 예측한 달력을 펴내고 있다. 2003년 충남도청의 의뢰로 달력을 제작한 것이 계기가 돼 이후 서점과 인터넷을 통해 매해 2천부 가량 판매하고 있다.

장 교수는 "동양 사상에 따라 날씨를 예측하는 일은 어려운 일이 아니다"며 "전통 사상을 무시해서 잘 안되고 있는 것이지 대학생들도 기본적 원리만 배운다면 날씨를 예측할 수 있다"고 힘줘 말했다.

장 교수는 '5운(運) 6기(氣) 이론'을 재해석해 황사, 장마, 태풍 등 일상생활과 밀접한 기상 현상을 예측한다. 장 교수의 달력에는 기상정보 외에 식생활 정보와 작황 예측도 담겨 있다.

서울대 원자핵공학과를 졸업하고 미국 루이지애나 주립대에서 기계공학 박사학위를 받은 장 교수는 전산열 유체학 연구가 본업인 과학자다.

그러다 20년전 건강이 나빠져 민간요법 전문가를 찾았다가 동양의학에 매료되면서 운기 이론에 관심을 갖게 됐다.

주역을 바탕으로 한 한의학의 경전으로 불리는 '황제내경'(黃帝內經)에 나온 이 이론은 운과 기의 조합에 따라 계절을 나눈다.

"운기이론은 일관된 법칙이 있는 과학입니다. 일반화하지 못해 제대로 활용하지 못했던 거죠. 그래서 과학적인 방법으로 설명할 수 있는 길을 찾기 시작했습니다"

장 교수는 운기 이론에 온난화 등 인공적 요인을 결합, 시뮬레이션을 통해 기상을 예측한다. 예측 정확도는 인공적 요인과 자연의 주기가 어떻게 결합하느냐에 따라 좌우된다는 게 장 교수의 설명이다.

올해 장 교수는 높은 적중률을 보여주고 있다.

올해 달력에는 봄철 황사가 작년보다 약하고 7월 장마는 간헐적으로 퍼붓는 포화성 강수의 형태를 보일 것이라고 나와 있다.

실제 전국 평균 황사 일수는 2.5일로 평년보다 1일 적었고 장마도 국지성 폭우 형태로 불규칙하게 나타났다.

장 교수는 올 겨울은 얼음의 기운으로 인해 빨리 찾아오고 내년은 따뜻하고 건조한 날씨가 나타날 것으로 내다봤다. 기상 예측 외에 예측 정확도를 평가하는 작업도 진행 중이다.

제자 2명이 내년 2월 발표를 목표로 최근 3년치 예측 정확도를 평가한 박사 논문을 준비하고 있다.

장 교수는 "기상 예측을 미신화하는 시선이 안타깝다"며 "서양과학의 한계를 동양사상과의 접목을 통해 보완해가는 작업이란 점을 알아줬으면 한다"고 말했다.

okko@yna.co.kr

4. "가을 춥다"..기상달력 제작 충남대교수 예측

(대전=연합뉴스) 지난 2004년부터 동양의 절기 이론을 이용해 1년치 날씨를 예측한 달력을 펴내는 장동순 충남대 환경공학과 교수.
2010.8.31 kjunho@yna.co.kr

(대전=연합뉴스) 김준호 기자 = "제가 만든 기상달력에는 올해 가을이 일찍 추워지는 것으로 나오네요. 9월 이후에는 온도 변화가 심한 가운데 예상보다 기온이 낮을 거예요"
최근 불볕더위와 폭우가 반복되는 기상현상이 나타나는 가운데 원자력을 전공한 공대 교수가 동양 사상을 바탕으로 한 기상달력을 만들고 있어 화제다.

31일 충남대에 따르면 환경공학과 장동순(58) 교수는 지난 2004년부터 동양의 절기 이론을 이용해 1년치 날씨를 예측한 달력을 펴내고 있다.

2003년 충남도청의 의뢰로 달력을 제작한 것이 계기가 됐다.

장 교수는 '5운(運) 6기(氣) 이론' 을 재해석해 황사와 장마, 태풍, 폭설 등 일상생활과 밀접한 기상 현상을 예측하고 있다. 그는 주역을 바탕으로 한 한의학 경전인 '황제내경(黃帝內經)' 에 나온 운기이론을 활용, 운과 기의 조합에 따라 계절을 나눈다.

장 교수는 "과학적 상식으로는 태양의 고도와 거리가 일정한 춘분에는 매년 똑같은 기상이 나와야 하는데 그렇지 않다" 며 "동양 절기이론으로는 더운 봄과 추운 봄, 건조한 봄, 비가 많은 봄, 꽃이 일찍 피는 봄 등 해마다 다르다. 기상달력은 수천년 내려온 조상의 지혜를 풀어놓은 것" 이라고 설명했다.

서울대 원자핵공학과를 졸업하고 미국 루이지애나 주립대에서 기계공학 박사학위를 받은 장 교수는 전산열 유체학 연구가 본업인 과학자다.

20년 전 건강이 나빠져 민간요법 전문가를 찾았다가 동양의학에 매료되면서 운기이론에 관심을 두게 됐다.

장 교수는 "운기이론은 일관된 법칙이 있는 과학으로 그동안 일반화하지 못해 제대로 활용하지 못했다"며 "운기 이론에 온난화 등 인공적 요인을 결합, 시뮬레이션을 통해 기상을 예측한다. 예측 정확도는 인공적 요인과 자연의 주기가 어떻게 결합하느냐에 따라 좌우된다"고 설명했다.

그는 이어 "장마다운 장마가 없고 늦은 장마가 올 것으로 예측했는데, 실제로 기상청에서는 장마가 끝났다고 했지만 8월 중.하순에 구질구질하게 비가 왔다"며 "최근들어 서해안의 폭설과 폭우도 온난화 때문에 서해 바다의 온도가 높아지면서 수증기가 많아졌고, 북쪽에서 찬 기단이 내려오기만 하면 폭설 폭우로 변한 것으로 설명할 수 있다"고 덧붙였다.

그는 또 "올해 기상의 특징은 마치 뿜어내는 듯한 눈과 비인데, 이것을 예측하는 것이 너무 어려워 달력 발행을 포기했을 정도"라면서도 "농사일이나 산림행정 등을 펴는 공무원들이 요청하면 개인적으로 달력을 보내주고 있다"고 말했다.

장 교수는 "기상 예측을 미신화하는 시선이 안타깝다"면서도 "2명의 제자가 운기이론을 활용한 논문으로 박사학위를 받을 정도로 학문적 영역에서도 인정받기 시작했다"고 강조했다.

최근 기상청이 '9월에는 고온 현상이 나타나고 기온이 평년보다 높을 것'으로 9~11월 기상 전망을 한 것과는 달리 장 교수는 '평년보다 온도가 낮아져 일찍 추워질 것'으로 보고 있어, 과연 누구의 예측이 옳을지 관심이 쏠린다.

kjunho@yna.co.kr

 2010/08/31 10:17 송고

기상백서 氣象白書

부록 3

* 본장에서는 2010년의 기상달력을 비교 · 검토의 차원에서 부록으로 수록한다.

2010년(庚寅年) 기상 달력

날로 극심하여지고 있는 기상이변시대에 동양의 절기이론을 과학적으로 해석한 생활기상과 기상경영을 위한2010년 庚寅年 기상과 365일 날씨 예측 달력

장 동순(충남대학교 환경공학과), 신미수 · 김혜숙 · 송우영 ((주)에너지환경 CFD, 박사

* 여기에 주어진 기상정보는 동양의 절기 이론에 기초하여 충남대학교 환경공학과 환경기계 실험실과 (주)에너지환경에서 공동으로 만든 자료이며 기상자료를 과학적으로 측정에 기초하여 발표하는 기상청의 공식적인 기상예보가 아니고 동양의 절기이론을 과학적으로 해석한 자료임을 밝힙니다.

|부록3|

생활기상 및 날씨 예측 달력

2010년 기상 개황

2010년 경인년은 금태과 소양상화의 해로서 전반적으로 건조하고 한서의 변화가 심한 와중에 밝은 햇살이 충만한 한해가 될 것이다. 특히 한반도는 세계적으로 온난화의 속도가 빠르기 때문에 의외로 높은 온도에 의해 유도되는 한파나 열대성 호우등 기상이변이 있을 가능성이 높다. 겨울에서 봄으로 이어지는(1-3월)은 온도차가 심한 중에 강수가 적고 건조하여 화재 가능성이 높다. 특히 1월 중순까지는 2009년 기축년의 운기의 영향을 받아 추운 와중에 기습한파 등의 가능성이 크다. 봄과 초여름(4~5월)은 온도가 비교적 높은 와중에 한발의 가능성과 국지성 호우의 가능성이 상존한다. 전형적인 여름장마 기간을 포함하는 6-7월에는 장마전선에 의해 전형적인 장마 비가 올 가능성은 높지 않다. 그러나 더위에 의한 포화성 형태의 강수가 규칙적으로 있을 것이 예상된다. 그러나 오히려 8월 중순의 늦은 여름 이후부터 가을에 비가 구질구질하게 자주 올 가능성이 높다. 그리고 늦은 가을에 한시적으로 일찍 추워질 가능성이 높으나 겨울로 가면서 크게 춥지 않을 것이다. 12월 중순이후에는 일시적으로 한서의 변화가 심한 와중에 어느 정도의 폭설이나 추위의 가능성이 있다.

2010년 운기 분석

2010년 경인년(庚寅年)은 하늘은 금태과의 기운이 지배하고 지상은 소양상화로서 건조한 가운데 밝고 화창한 한해가 될 것으로 판단된다. 경인년 5월 하순부터 6월 하순까지는 주기가 화창한 소양상화의 기간인데다가 연과 계절의 운기가 소양상화의 기운으로 나타나 주기, 객기 그리고 연운에서 삼중으로 소양상화의 기운이 중첩되어 나타난다. 그러므로 2010년 경인년 5-6월에는 10년 만에 오는 밝고 화창한 상춘의 기운을 즐기게 될 것이다. 그러나 사람에 따라서는 삶의 존재에 대한 강한 괴리감으로 인하여 우울증과 같은 극도의 상실감이 나타날 가능성도 크다.

경인년은 건조하기 때문에 일진과 계절에 따라 어느 정도 달라질 수 있으나 일반적으로 일교차나 한서의 변화가 심한 한 해가 될 것이다. 온난화가 가속화되고 있는 작금의 한반도 상황을 고려하면 한서의 변화는 보다 더운 쪽으로 편향되어 나타날 가능성이 있다. 구체적으로 경인년 기상이 건조하다고 판단하는 이유는 하늘은 건조한 경금이 지배를 한다. 그리고 이 경금에 의하여 다시 을경합금의 작용에 의하여 더욱 건조한 금태과의 기운이 발생된다. 따라서 경인년 하늘은 경금의 건조한 기운과 경금에 의하여 유도된 금태과의 조(燥)한 기운이 중첩되어 하늘은 매우 건조하여진다. 그리고 경인년의 지상은 인목(寅木)의 따듯하고 약간

습한 기운이 지배한다. 이러한 인목의 기운은 신금의 기운이 유도되어 인신충(寅申沖) 소양상화(小陽相火)의 기운이 발생된다.

그러므로 경인년은 하늘은 금기에 의하여 유도되는 금태과로서 건조하며 지상은 밝고 따듯한 기운을 지닌 소양상화(小陽相火)가 주조를 이룬다. 그러므로 2010년 경인년에 지상에서는 따듯한 기운에 의해 수증기의 증발이 어느 정도는 이루어지나 하늘은 건조하기 때문에 지상에서 발생한 수증기를 상공에서 다량으로 함유하지 못한다. 그러므로 경인년에는 일진이나 계절적인 인자의 영향을 고려하지 않는다면 전국적인 규모의 폭우나 폭설 그리고 지속적인 호우성 강수현상의 가능성이 높지 않다. 반대로 일시적이며 소량의 강수현상이 나타날 가능성이 보다 높다. 그러므로 계절과 지역에 따라서는 일정기간 비가 오지 않아 가뭄이 들 가능성이 있다. 그러므로 2010년 경인년은 최근 몇 년 동안 지속적으로 발현되었던 온난화 현상이 가속화되는 와중에 가뭄고 온도 변화가 비교적 심한 한 해가 될 것으로 판단한다.

2010년 질병과 작황

2010년은 금태과의 해이기 때문에 금의 기관인 폐와 대장의 질환이 심하여지는 해이다. 폐와 대장에 지배를 받는 인체의 기관은 폐와 대장을 비롯하여 피부, 코, 항문, 손목 관절 등을 거론할 수 있다. 이것으로 생기는 질환은 폐렴, 폐암, 대장암, 치질, 각종 피부병, 축농증, 비염, 재채기 등이 그 쉬운 예라고 할 수 있다. 신체적으로 이러한 질병이 나타나면 정신적으로는 동정심과 눈물이 많고 때로는 독선적인 행동이나 자살과 같은 극단적인 생각을 많아 하게 된다. 이렇게 폐와 대장과 그에 관련

된 질환이 발생하는 해에는 현미를 비롯하여 매운맛의 고추 와사비 마늘 생강 등의 작황이 좋아진다. 이와 같은 곡식이나 작물의 작황이 좋아지기 때문에 이러한 작물을 과도하게 재배하면 풍작에 의하여 가격이 폭락할 수 있기 때문에 시설하우스나 농가에서는 주의가 요구된다. 아무튼지 이렇게 생산된 매운맛의 신미(辛味)의 음식을 보다 많이 섭취하게 되면 위에서 거론한 2010년에 유행하는 질병에서 보다 편안하게 한해를 지낼 수 있을 것이다. 이것이 동서양 의학에서 거론하고 있는 의식동원의 개념이다. 반대로 2010년에는 신맛이나 고소한 맛을 가진 과일이나 채소의 작황이 좋지 않을 것이다. 그러므로 참깨나 땅콩 등의 고소한 맛을 가진 작물과 귤이나 사과와 같은 신맛의 과일의 작황이 나빠 가격의 상승이 예상된다. 이재를 위해서는 이와 같은 목기의 곡물이나 야채를 재배하는 것이 유리하다. 아래에 2003년부터 2012년까지 10년간의 주요 기상개황과 농작물의 작황과 질병을 정리하였다.

표. 특성으로 본 10년간의 기상특징

연도	육십 갑자	운기		기상특징	작황이 좋은 농축산물	질병
2003년	계미년 (癸未年)	하늘 땅	화불급 태음습토	일 년 내내 지속적인 강수 현상. 황사 없음		
2004년	갑신년 (甲申年)	하늘 땅	토태과 소양상화	과포화 상태에 의한 폭설 가능성	호박, 참외, 소	위장과 췌장 질환, 살에 멍이잘 들다.
2005년	을유년 (乙酉年)	하늘 땅	금불급 양명조금	건조한 가운데 한서의 차가 큼, 황사		
2006년	병신년 (丙申年)	하늘 땅	수태과 소양상화	온도가 낮은 해	검은 콩, 수박, 돼지	신장 방광 질환, 자궁근종 물혹
2007년	정해년 (丁亥年)	하늘 땅	목불급 궐음풍목	고온에 국지적 강우 특성의 차이가 큼		조류독감
2008년	무자년 (戊子年)	하늘 땅	화태과 소음군화	고온 폭우 폭설 가능성 높음, 황사	상추 쑥갓, 자두, 염소	전염병, 심장병, 각종 혈압이나 혈관병
2009년	기축년 (己丑年)	하늘 땅	토불급 태음습토	축토의 찬 기운에 의해 평균 기온이 낮고 장마를 제외하고 소량의 지속적인 강우		
2010년	경인년 (庚寅年)	하늘 땅	금태과 소양상화	건조하고 화창한 한해, 산불 조심	현미, 배, 복숭아	폐와 대장 병, 비염, 축농증, 피부병, 폐렴, 폐결핵, 폐암, 재채기 손목관절, 정서적으로는감상적이고 동정심이 많아짐
2011년	신묘년 (辛卯年)	하늘 땅	수불급 양명조금	한발 가능성, 황사		
2012년	임진년 (壬辰年)	하늘 땅	목태과 태양한수	폭우와 강풍 가능성, 황사 주의	신맛의 과일, 깨, 땅콩과 잣과 같은 견과류	간경화 등 간질환 수의

2010년 주제별 기상 특징

황사

2010년은 일반적으로 건조한 와중에 지상은 따듯하여 황사 발생에는 특히 유리하다. 그러나 하늘의 기운이 금태과로서 목의 바람의 기운을 억제하고 있기 때문에 높은 하늘에 강풍이 불어 황사를 한반도로 이동시킬 가능성이 낮다. 한마디로 중국 등 황사발원지에서는 다량의 황사가 발생할 가능성이 높으나 이것이 한반도까지 크게 영향을 미칠 가능성은 높지 않다고 판단된다. 그러나 계절적으로 바람이 강한 지역풍이 강한 봄철이나 목태과(木太過)의 기운이 지배하는 2010년 여름철에는 중국에서 발생하는 황사의 절대량이 많을 것으로 예상되기 때문에 나름대로의 주의가 요구된다. 황사의 관점에서 고려하여야 할 다른 인자는 태을 이론에 의하면 2010년부터 백육재기가 1986년부터 24년을 지배하였던 술방(戌方)에서부터 해방(亥方)으로 이동하여 중국 서북부 방향의 사막화 현상이 완화될 가능성이 있기 때문에 이곳에 의한 황사의 영향이 서서히 감소할 가능성이 있다.

산불

2010년 경인년은 2000년 경진년에 이어서 다시 맞이하는 금태과의 건조한 해이다. 금태과의 해는 어느 해를 막론하고 산불이나 화재의 가능성이 매우 높다. 특히 2010년 경인년은 겨울에서 봄으로 이어지는 1운1기(2010년 1월 7일 ~ 3월 2일)가 하늘은 금태과이고 지상은 소음군화이다. 그러므로 2010년은 특히 겨울과 봄으로 이어지는 계절에 화재나 산불 예방에 주의가 요구된다. 특히 201년은 사람들의 마음이 경제적인 불황의 여파로 매우 메말라 있기 때문에 화재에 세심한 배려를 기울이는 것이 좋을 것이다. 그러나 가을철은 소량의 지속적인 강수가 예상되므로 산불이나 화재의 가능성은 낮다고 보여진다.

장마

2000년 경인년에는 특정한 장마기간을 설정하기가 어렵다. 그 이유는 6월과 7월의 운기가 하늘은 목태과이고 지상은 소양상화와 양명조금의 기운이 지배하기 때문에 한냉전선의 찬 기운을 형성시킬만한 강력한 기운이 없기 때문이다. 그러나 6월과 7월의 두 달 동안에는 일진은 '병정사오미'와 '임계해자축'과 같은 한서(寒暑)의 교차가 뚜렷하다. 그러므로 특히 7월 초순부터 7월 한 달 동안에는 이렇게 강력한 일진의 기운에 의하여 장마철과 같은 강수는 아니더라도 장마기간에 비가 오지 않는 마른장마와 같은 현상은 발생하지 않을 것으로 보인다. 이 기간 동안에는 여름철에 더위를 식혀주는 포화성 강수 현상이 주기적으로 나타날 것으로 예상된다.

태풍

한반도는 늦은 여름이후로 한 두개의 태풍이 주기적으로 상륙하는 것이 상례였다. 그러나 지난 몇 년 동안 한반도에는 태풍의 직접적인 영향을 거의 받지 않는 현상이 나타났다. 운기상으로는 뜨거운 운기와 강한 목기를 가질 때 한반도에도 태풍이 도래할 가능성은 항상 존재하나 한반도가 태풍으로부터 영향을 받지 않는 현상은 이해하기 어렵다. 단 한반도가 세계적으로 가장 온난화가 심한 지역임을 고려한다면 에너지의 구배가 높지 않다는 점에서 부분적으로 이해가 간다. 경인년의 7, 8월의 운기가 목태과와 양명조금의 영향을 받기 때문에 온도상승과 바람에 의한 영향이 충분히 예상되므로 경인년에도 이 기간 동안에 태풍이 도래할 가능성이 있으므로 주의가 요구된다. 그러나 8월 13일 이후에는 하늘의 운기가 화불급으로 바뀌기 때문에 강력한 바람을 동반한 태풍보다는 오히려 열대성 저기압에 의한 많은 비가 내릴 가능성이 높다.

서해안 강설

한반도에 온난화가 본격적으로 가시화 된 이후로 해수면의 온도의 상승은 중고위도 지역의 항상 도래할 수 있는 시베리아 기단과 같은 찬 기단과 결합되면서 충남과 호남의 서해안 지역에 폭설이 내리는 새로운 기상이변의 문제로 대두되었다. 서해안 지역의 폭설의 원인은 늦은 가을 이후 겨울철 운기가 온화하여 바닷물이 충분히 냉각되지 않은 상태에서 기습적으로 찬 한파가 도래할 때 발생한다. 이 때 다량의 수증기가 미쳐 내륙으로 확산되지 못한 상태에서 한파에 의하여 응결되면서 일부 바닷가 지역에서만 폭설로 변하는 현상에 기인한다. 2010년 1월이나

12월에는 운기가 일시적으로 강력한 한파가 도래할 가능성이 존재한다. 그러나 바닷물의 수온상승은 크게 기대되지 않기 때문에 대량의 폭설가능성은 높지 않다. 그러나 작금의 기상 이변에 따른 온난화가 가속화되고 있기 때문에 2009년 겨울인 12월의 온도가 충분히 낮아지지 않는다면 2010년 1월에 폭설의 가능성이 있으므로 충분한 주의가 요구된다.

2010년 계절별 기상특징

1-2월

1월 19일까지의 기상은 경인년의 금태과의 운기가 도래하였으나 지상은 2009년 기축년의 태양한수의 운기를 받는다. 따라서 1월 중순까지는 춥고 매우 건조한 날씨가 지속될 가능성이 있다. 이 기간 중에는 일진의 분포도 춥고 더운 일진이 강력하게 교차하여 나타나고 있으므로 강한추위와 함께 대형 산불과 같은 화재의 가능성이 있다. 2009년 겨울이 찬 운기가 지속된다면 서해안지역에 폭설이 나타날 가능성은 크게 높지 않으나 2009년 12월 온난화 현상이 강력하게 나타난다면 의외로 서해안 폭설의 가능성이 있으므로 주의가 요구된다. 1월 하순부터 2월까지는 2010년 소음군화와 금태과의 운기의 지배를 받는다. 즉 하늘은 건조하고 지상은 소음군화로 온도가 높다. 지상에서 발생하는 수증기의 양은 적지 않으나 하늘의 기운이 금태과로서 건조하여 온도의 변화가 심한 와중에 소량의 눈비가 자주 올 가능성이 있다.

3-4-5 월

3, 4, 5월의 봄의 계절에는 하늘은 수불급으로서 온도가 낮지 않다. 반면에 지상은 태음습토로서 비교적 습기를 함유하였다고 할수 있

다. 그러므로 이 기간에는 지상에서 증발하는 수증기의 양은 비교적 많으나 하늘에서는 이를 응결시키지 못하고 높은 온도에서 함유하고 있는 형태가 된다. 물론 경인년의 하늘의 기운이 금태과이기 때문에 다량의 수증기를 함유하기는 어려울 것이나 일단 봄철에는 온도가 비교적 높은 와중에 한발의 가능성과 넓은 지역에 구름이 낀 상태에서 국지성 호우의 가능성이 상존한다.

6-7-8 월

6월과 7월은 장마기간이나 하늘은 목태과이고 지상은 소양상화와 양명조금의 기운이 지배를 하고 있어서 객운과 객기에서 뚜렷이 찬 기운을 가진 기운이 존재하지 않는다. 그러므로 뚜렷하게 장마전선의 형성에 의한 장마기간을 설정하기가 어렵다고 판단된다. 그러나 6, 7월에는 일진의 분포가 "병정 사오미"의 더운 기운과 "임계 해자축"의 찬 기운이 6월 중순부터 7월까지 교차하여 나타나기 때문에 이러한 일진의 영향에 의하여 규칙적인 강수가 일어날 가능성이 높다. 목태과의 기간인데다가 지상이 덥고 건조하기 때문에 여름철에 황사가 나타날 가능성도 배제할 수 없다. 8월 13일 이후 11월 중순까지는 하늘이 화불급으로 찬 기운이 도래한다. 그리고 지상의 기운도 9월에는 태양한수의 기운이 나타나기 때문에 장마철이 지난 8월 중순 이후에 오히려 단속적으로 강수현상이 나타날 가능성이 있다.

9-10-11월

2010년 가을철은 하늘은 화불급의 기운이 존재하고 지상은 태양한수가 지배하므로 일반적으로 하늘과 지상 모두가 온도가 낮다. 거기다가 경인년은 건조한 해이기 때문에 가을철에 온도가 낮아 쓸쓸한 가을이 될 가능성이 높으며 단풍도 일찍 들 가능성이 있다. 물론 이 경우 지속적인 소량의 강수현상이 이어질 가능성이 높다. 그러나 이러한 예측은 온난화가 두드러지게 나타난다면 어느 정도는 완화되어 나타날 것이다.

12월-2011년 1월

2010년 12월과 2011년 1월은 모두 2010년의 5운6기인 토태과와 궐음풍목의 지배를 받으면서 일진의 분포가 한서의 변화가 심하게 나타나는 특징을 지닌다. 그러므로 경인년의 12월 이후의 겨울은 어느정도는 춥고 눈이 온다면 함박눈 형태가 될 것이나 강력하게 춥거나 또는 많은 눈이 내리지는 않을 것으로 판단된다.

[표] 庚寅年(2010年) 運氣表

구분														
庚寅年 기본 기운	天干	庚金(경금)												
	地支	寅木(인목)												
庚寅年 유도된 기운	간합	乙庚合化金(을경합화금) 작용에 의한 금태과(金太過)												
	지지충	인신충(寅申沖) 소양상화(少陽相火)												
계절		겨울			봄			여름			가을			겨울
객운 (하늘의 변화 기운)		1운 (금태과) 1월 7~4월 1일			2운 (수불급) 4월 2일~6월 8			3운 (목태과) 6월 9~8월 12일		4운 (화불급) 8월 13일~11월 15일			5운 (토태과) 11월 16일~2월 1일	
객기 (지상의 변화 기운)		1기 1월20일~3월20일 소음군화(少陰君火)			2기 3월21일~5월20일 태음습토(太陰濕土)		3기 5월21일~7월22일 소양상화(少陽相火)		4기 7월23일~9월22일 양명조금(陽明燥金)		5기 9월23일~11월21일 태양한수(太陽寒水)		6기 11월22일~1월19일 궐음풍목(厥陰風木)	
24절기	월운	丁丑	戊寅	己卯	庚辰	辛巳	壬午	癸未	甲申	乙酉	丙戌	丁亥	戊子	己丑
	월 (양력)	2010년 1월	2	3	4	5	6	7	8	9	10	11	12	2011년 1월
	음력	11/21	12/21	1/21	2/21	3/22	4/24	5/26	6/27	8/1	9/1	10/2	11/2	12/3
	양력	1/5	2/4	3/6	4/5	5/5	6/6	7/7	8/7	9/8	10/8	11/7	12/7	1/6
	절기	소한	입춘	경칩	청명	입하	망종	소서	입추	백로	한로	입동	대설	소한
		대한	우수	춘분	곡우	소만	하지	대서	처서	추분	상강	소설	동지	대한
		5운6기 11.22-1.6	1운1기 1.7-3.20	1운2기 3.21-4.1	2운2기 4.2-5.20	2운3기 5.21-6.3	3운3기 6.9-7.22	3운4기 7.23-8.12	4운4기 8.13-9.22	4운5기 9.23-11.15	5운5기 11.16-11.21	5운6기 11.22-2.1		
객운(하늘)		화불급	금태과	금태과	수불급	수불급	목태과	목태과	화불급	화불급	토태과	토태과		
객기(지상)		태양한수	소음군화	태음습토	태음습토	소양상화	소양상화	양명조금	양명조금	태양한수	태양한수	궐음풍목		
2010년 기상 개황		2010년 경인년은 금태과 소양상화의 해로서 일 년 동안 전반적으로 건조하고 한서의 변화가 심한 와중에 밝은 햇살이 충만한 한해가 될 것이다. 특히 한반도는 온난화 가속화의 정도가 빠르기 때문에 의외로 온도가 높은 와중에 추위가 닥치는 등 기상이변과 같은 변화가 있을 것이 예상된다. 겨울에서 봄으로 이어지는(1-3월)은 건조하여 화재 가능성이 높다. 특히 1월에는 추운 와중에 기습한파 등의 가능성이 있다. 봄과 초여름(4~5월)은 온도가 비교적 높은 와중에 한발의 가능성과 국지성 호우의 가능성이 상존한다. 전형적인 여름장마 기간을 포함하는 6-7월에는 장마전선에 의해 전형적인 장마 비가 올 가능성은 높지 않다. 그러나 더위에 의한 포화성 형태의 강수가 규칙적으로 있을 것이 예상된다. 그러나 오히려 8월 중순의 늦은 여름 이후부터 가을에 비가 구질구질하게 자주 올 가능성이 높다. 그리고 늦은 가을에 한시적으로 일찍 추워질 가능성이 높으나 겨울로 가면서 크게 춥지 않을 것이다. 12월 중순이후에는 일시적으로 한서의 변화가 심한 와중에 어느 정도의 폭설이나 추위의 가능성이 있다.												

기상백서 氣象白書

참고문헌
찾아보기

참고문헌

장동순, 100년의 기상예측, 중명출판사, (2004년 7월)

장동순, 역의 과학, CNU press(2007년3월)

송우영, 기상재난 방지를 위한 시스템연구: 오운육기 열유동 중장기 기상예측 모델의 통계적 검증 및 이산화탄소 저감 가스화 수치해석, 충남대학교 환경공학과 박사학위 논문,(2010년 2월)

김현경, 황사 태풍 장기 예측을 위한 '황제내경' 운기론의 현대기상학적 연구, 충남대학교 환경공학과 박사학위 논문,(2010년 8월)

장태상, 개인 대화, 동방대학원 대학교 미래예측학과 교수(2010년)

장태상, 기문둔갑예측학, 전통문화사(2001년 3월)

전태수 편역, 방위학입문, 명문당(1978년)

찾아보기